매일 성장하는 **초등 자기개발서**

ⓠ 왜 공부력을 키워야 할까요?

쓰기력

정확한 의사소통의 기본기이며 논리의 바탕

연필을 잡고 종이에 쓰는 것을 괴로워한다!
맞춤법을 몰라 정확한 쓰기를 못한다!
말은 잘하지만 조리 있게 쓰는 것이 어렵다!
그래서 글쓰기의 기본 규칙을 정확히 알고
써야 공부 능력이 향상됩니다.

어휘력

교과 내용 이해와 독해력의 기본 바탕

어휘를 몰라서 수학 문제를 못 푼다!
어휘를 몰라서 사회, 과학 내용 이해가 안 된다!
어휘를 몰라서 수업 내용을 따라가기 어렵다!
그래서 교과 내용 이해의 기본 바탕을
다지기 위해 어휘 학습을 해야 합니다.

독해력

모든 교과 실력 향상의 기본 바탕

글을 읽었지만 무슨 내용인지 모른다!
글을 읽고 이해하는 데 시간이 오래 걸린다!
읽어서 이해하는 공부 방식을 거부하려고 한다!
그래서 통합적 사고력의 바탕인 독해 공부로
교과 실력 향상의 기본기를 닦아야 합니다.

계산력

초등 수학의 핵심이자 기본 바탕

계산 과정의 실수가 잦다!
계산을 하긴 하는데 시간이 오래 걸린다!
계산은 하는데 계산 개념을 정확히 모른다!
그래서 계산 개념을 익히고 속도와 정확성을
높이기 위한 훈련을 통해 계산력을 키워야 합니다.

세상이 변해도
배움의 즐거움은
변함없도록

시대는 빠르게 변해도
배움의 즐거움은
변함없어야 하기에

어제의 비상은
남다른 교재부터
결이 다른 콘텐츠
전에 없던 교육 플랫폼까지

변함없는 혁신으로
교육 문화 환경의 새로운 전형을
실현해왔습니다.

비상은 오늘, 다시 한번
새로운 교육 문화 환경을 실현하기 위한
또 하나의 혁신을 시작합니다.

오늘의 내가 어제의 나를 초월하고
오늘의 교육이 어제의 교육을 초월하여
배움의 즐거움을 지속하는 혁신,

바로, 메타인지 기반 완전 학습을.

상상을 실현하는 교육 문화 기업 비상

메타인지 기반 완전 학습
초월을 뜻하는 meta와 생각을 뜻하는 인지가 결합한 메타인지는
자신이 알고 모르는 것을 스스로 구분하고 학습계획을 세우도록 하는
궁극의 학습 능력입니다. 비상의 메타인지 기반 완전 학습 시스템은
잠들어 있는 메타인지를 깨워 공부를 100% 내 것으로 만들도록 합니다.

W 완자

공부력

초등 수학
계산 3A

초등 수학 계산
단계별 구성

1A	1B	2A	2B	3A	3B
9까지의 수	100까지의 수	세 자리 수	네 자리 수	세 자리 수의 덧셈	곱하는 수가 한·두 자리 수인 곱셈
9까지의 수 모으기, 가르기	받아올림이 없는 두 자리 수의 덧셈	받아올림이 있는 두 자리 수의 덧셈	곱셈구구	세 자리 수의 뺄셈	나누는 수가 한 자리 수인 나눗셈
한 자리 수의 덧셈	받아내림이 없는 두 자리 수의 뺄셈	받아내림이 있는 두 자리 수의 뺄셈	길이(m, cm)의 합과 차	나눗셈의 의미	분수로 나타내기, 분수의 종류
한 자리 수의 뺄셈	100이 되는 더하기, 10에서 빼기	세 수의 덧셈과 뺄셈	시각과 시간	곱하는 수가 한 자리 수인 곱셈	들이·무게의 합과 차
50까지의 수	받아올림이 있는 (몇)+(몇), 받아내림이 있는 (십몇)-(몇)	곱셈의 의미		길이(cm와 mm, km와 m)· 시간의 합과 차	
				분수와 소수의 의미	

초등 수학의 핵심! **수, 연산, 측정, 규칙성** 영역에서
핵심 개념을 쉽게 이해하고, 다양한 계산 문제로 계산력을 키워요!

4A	4B	5A	5B	6A	6B
큰 수	분모가 같은 분수의 덧셈	자연수의 혼합 계산	수 어림하기	나누는 수가 자연수인 분수의 나눗셈	나누는 수가 분수인 분수의 나눗셈
각도의 합과 차, 삼각형·사각형의 각도의 합	분모가 같은 분수의 뺄셈	약수와 배수	분수의 곱셈	나누는 수가 자연수인 소수의 나눗셈	나누는 수가 소수인 소수의 나눗셈
세 자리 수와 두 자리 수의 곱셈	소수 사이의 관계	약분과 통분	소수의 곱셈	비와 비율	비례식과 비례배분
나누는 수가 두 자리 수인 나눗셈	소수의 덧셈	분모가 다른 분수의 덧셈	평균	직육면체의 부피	원주, 원의 넓이
	소수의 뺄셈	분모가 다른 분수의 뺄셈		직육면체의 겉넓이	
		다각형의 둘레와 넓이			

특징과 활용법

하루 4쪽 공부하기

✳ 차시별 공부

✳ 차시 섞어서 공부

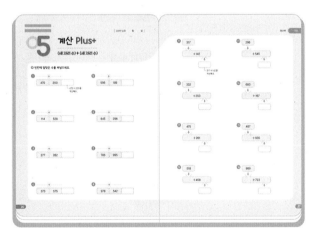

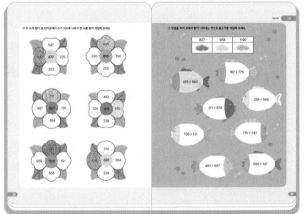

✳ 하루 4쪽씩 공부하고, 채점한 후, 틀린 문제를 다시 풀어요!

✅ 책으로 하루 4쪽 공부하며, 초등 계산력을 키워요!

✅ 모바일로 공부한 내용을 복습하고 몬스터를 잡아요!

공부한 내용 확인하기

모바일로 복습하기

❋ 단원별 계산 평가

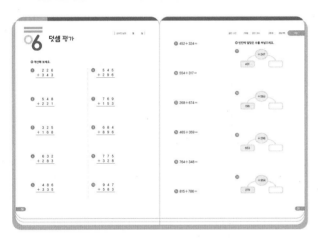

❋ 단계별 계산 총정리 평가

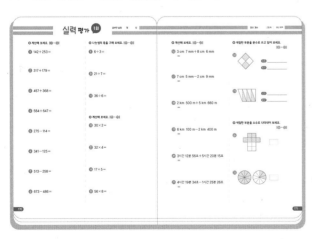

❋ 평가를 통해 공부한 내용을 확인해요!

앱 다운받기

책 인증하기

❋ 그날 배운 내용을 바로바로,
또는 주말에 모아서 복습하고,
다이아몬드 획득까지! 💎
공부가 저절로 즐거워져요!

차례

1
덧셈

일차	교과 내용	쪽수	공부 확인
01	받아올림이 없는 (세 자리 수)+(세 자리 수)	10	◯
02	받아올림이 한 번 있는 (세 자리 수)+(세 자리 수)	14	◯
03	받아올림이 두 번 있는 (세 자리 수)+(세 자리 수)	18	◯
04	받아올림이 세 번 있는 (세 자리 수)+(세 자리 수)	22	◯
05	계산 Plus+	26	◯
06	덧셈 평가	30	◯

2
뺄셈

07	받아내림이 없는 (세 자리 수)-(세 자리 수)	34	◯
08	받아내림이 한 번 있는 (세 자리 수)-(세 자리 수)	38	◯
09	받아내림이 두 번 있는 (세 자리 수)-(세 자리 수)	42	◯
10	어떤 수 구하기	46	◯
11	계산 Plus+	50	◯
12	뺄셈 평가	54	◯

3
나눗셈

13	똑같이 나누기	58	◯
14	곱셈과 나눗셈의 관계	62	◯
15	나눗셈의 몫 구하기	66	◯
16	어떤 수 구하기	70	◯
17	계산 Plus+	74	◯
18	나눗셈 평가	78	◯

일차	교과 내용	쪽수	공부 확인
	4 곱셈		
19	(몇십)×(몇)	82	○
20	올림이 없는 (몇십몇)×(몇)	86	○
21	십의 자리에서 올림이 있는 (몇십몇)×(몇)	90	○
22	일의 자리에서 올림이 있는 (몇십몇)×(몇)	94	○
23	십, 일의 자리에서 올림이 있는 (몇십몇)×(몇)	98	○
24	계산 Plus+	102	○
25	**곱셈 평가**	106	○
	5 길이·시간 단위의 합과 차		
26	1 cm와 1 mm의 관계, 1 km와 1 m의 관계	110	○
27	cm와 mm가 있는 길이의 합과 차	114	○
28	km와 m가 있는 길이의 합과 차	118	○
29	계산 Plus+	122	○
30	시간을 분과 초로 나타내기	126	○
31	시간의 합	130	○
32	시간의 차	134	○
33	계산 Plus+	138	○
34	**길이·시간 단위의 합과 차 평가**	142	○
	6 분수와 소수		
35	분수	146	○
36	분수의 크기 비교	150	○
37	소수	154	○
38	소수의 크기 비교	158	○
39	계산 Plus+	162	○
40	**분수와 소수 평가**	166	○
	실력 평가 1회, 2회, 3회	170	○

세 자리 수의 **덧셈** 훈련이 중요한

덧셈

1 받아올림이 없는 (세 자리 수)+(세 자리 수)

2 받아올림이 한 번 있는 (세 자리 수)+(세 자리 수)

3 받아올림이 두 번 있는 (세 자리 수)+(세 자리 수)

4 받아올림이 세 번 있는 (세 자리 수)+(세 자리 수)

5 계산 Plus+

6 덧셈 평가

받아올림이 없는 (세 자리 수)＋(세 자리 수)

234＋152의 계산

각 자리의 숫자를 맞추어 적은 후,

'일의 자리 → 십의 자리 → 백의 자리' 순서로 계산합니다.

$$
\begin{array}{r} 2\ 3\ 4 \\ +\ 1\ 5\ 2 \\ \hline 6 \end{array}
\quad \underbrace{4+2=6}
\rightarrow
\begin{array}{r} 2\ 3\ 4 \\ +\ 1\ 5\ 2 \\ \hline 8\ 6 \end{array}
\quad \underbrace{3+5=8}
\rightarrow
\begin{array}{r} 2\ 3\ 4 \\ +\ 1\ 5\ 2 \\ \hline 3\ 8\ 6 \end{array}
\quad \underbrace{2+1=3}
$$

계산해 보세요.

①
$$\begin{array}{r} 1\ 0\ 6 \\ +\ 3\ 1\ 3 \\ \hline \end{array}$$

②
$$\begin{array}{r} 1\ 3\ 2 \\ +\ 2\ 4\ 5 \\ \hline \end{array}$$

③
$$\begin{array}{r} 2\ 0\ 4 \\ +\ 3\ 2\ 2 \\ \hline \end{array}$$

④
$$\begin{array}{r} 3\ 1\ 0 \\ +\ 5\ 5\ 2 \\ \hline \end{array}$$

⑤
$$\begin{array}{r} 4\ 2\ 1 \\ +\ 1\ 5\ 7 \\ \hline \end{array}$$

⑥
$$\begin{array}{r} 4\ 6\ 1 \\ +\ 2\ 3\ 4 \\ \hline \end{array}$$

⑦
$$\begin{array}{r} 5\ 3\ 1 \\ +\ 1\ 4\ 6 \\ \hline \end{array}$$

⑧
$$\begin{array}{r} 6\ 4\ 3 \\ +\ 3\ 1\ 2 \\ \hline \end{array}$$

⑨
$$\begin{array}{r} 7\ 1\ 4 \\ +\ 1\ 6\ 3 \\ \hline \end{array}$$

⑩
```
    1 3 2
  + 2 4 2
```

⑯
```
    4 0 0
  + 2 7 5
```

㉒
```
    6 8 3
  + 3 1 4
```

⑪
```
    1 6 1
  + 4 2 5
```

⑰
```
    4 5 2
  + 3 2 3
```

㉓
```
    7 2 1
  + 2 1 7
```

⑫
```
    2 3 5
  + 1 6 2
```

⑱
```
    5 1 8
  + 3 3 0
```

㉔
```
    7 5 3
  + 1 4 5
```

⑬
```
    2 6 4
  + 4 2 1
```

⑲
```
    5 2 3
  + 3 4 6
```

㉕
```
    8 0 2
  + 1 6 2
```

⑭
```
    3 5 2
  + 1 2 4
```

⑳
```
    6 4 7
  + 1 4 2
```

㉖
```
    8 4 5
  + 1 5 3
```

⑮
```
    3 7 3
  + 2 0 5
```

㉑
```
    6 5 3
  + 2 0 1
```

㉗
```
    8 6 2
  + 1 2 7
```

○ **계산해 보세요.**

㉘ 120＋103＝

각 자리를
맞추어 쓴 후
세로로 계산해요.

	1	2	0
＋	1	0	3

㉞ 364＋320＝

㊳ 645＋251＝

㉙ 134＋822＝

㉞ 412＋263＝

㊴ 702＋157＝

㉚ 210＋325＝

㉟ 453＋425＝

㊵ 730＋216＝

㉛ 234＋651＝

㊱ 530＋260＝

㊶ 833＋154＝

㉜ 311＋372＝

㊲ 612＋187＝

㊷ 880＋101＝

㊸ 106＋152＝

㊿ 340＋215＝

57 615＋134＝

㊹ 127＋532＝

51 351＋246＝

58 652＋327＝

㊺ 180＋409＝

52 413＋271＝

59 727＋202＝

㊻ 225＋153＝

53 436＋550＝

60 745＋101＝

㊼ 244＋250＝

54 543＋145＝

61 762＋126＝

㊽ 261＋132＝

55 585＋213＝

62 811＋154＝

㊾ 308＋161＝

56 614＋224＝

63 835＋142＝

받아올림이 한 번 있는
(세 자리 수)＋(세 자리 수)

●── 254＋365의 계산

같은 자리 수끼리의 **합이 10**이거나 **10보다 크면**
바로 윗자리로 1을 받아올려 계산합니다.

$$\begin{array}{r} 2\ 5\ 4 \\ +\ 3\ 6\ 5 \\ \hline 9 \end{array}$$

$4+5=9$

→

$$\begin{array}{r} \overset{1}{2}\ 5\ 4 \\ +\ 3\ 6\ 5 \\ \hline 1\ 9 \end{array}$$

$5+6=11$

→

$$\begin{array}{r} \overset{1}{2}\ 5\ 4 \\ +\ 3\ 6\ 5 \\ \hline 6\ 1\ 9 \end{array}$$

$1+2+3=6$

○ 계산해 보세요.

1
$$\begin{array}{r} 1\ 2\ 7 \\ +\ 4\ 5\ 6 \\ \hline \end{array}$$

4
$$\begin{array}{r} 3\ 4\ 7 \\ +\ 4\ 1\ 8 \\ \hline \end{array}$$

7
$$\begin{array}{r} 6\ 2\ 3 \\ +\ 2\ 9\ 4 \\ \hline \end{array}$$

2
$$\begin{array}{r} 2\ 4\ 6 \\ +\ 3\ 3\ 5 \\ \hline \end{array}$$

5
$$\begin{array}{r} 4\ 5\ 2 \\ +\ 1\ 0\ 9 \\ \hline \end{array}$$

8
$$\begin{array}{r} 6\ 9\ 5 \\ +\ 1\ 4\ 1 \\ \hline \end{array}$$

3
$$\begin{array}{r} 3\ 2\ 8 \\ +\ 5\ 4\ 7 \\ \hline \end{array}$$

6
$$\begin{array}{r} 5\ 9\ 1 \\ +\ 2\ 3\ 3 \\ \hline \end{array}$$

9
$$\begin{array}{r} 7\ 8\ 4 \\ +\ 1\ 3\ 5 \\ \hline \end{array}$$

⑩
```
    1 2 9
  + 5 3 3
```

⑯
```
    3 8 6
  + 5 0 7
```

㉒
```
    6 3 4
  + 1 9 3
```

⑪
```
    1 4 7
  + 1 2 5
```

⑰
```
    4 1 9
  + 2 2 3
```

㉓
```
    6 5 1
  + 2 8 5
```

⑫
```
    2 5 1
  + 3 2 9
```

⑱
```
    4 2 6
  + 2 5 6
```

㉔
```
    6 6 2
  + 2 6 7
```

⑬
```
    2 7 8
  + 3 0 6
```

⑲
```
    5 7 8
  + 1 3 0
```

㉕
```
    7 4 7
  + 1 6 1
```

⑭
```
    3 4 2
  + 5 4 8
```

⑳
```
    5 8 1
  + 2 4 3
```

㉖
```
    7 6 0
  + 1 7 2
```

⑮
```
    3 7 3
  + 5 1 9
```

㉑
```
    5 9 4
  + 1 5 2
```

㉗
```
    7 9 3
  + 1 6 4
```

○ 계산해 보세요.

28 109+312=

29 128+566=

30 217+533=

31 245+426=

32 343+127=

33 347+516=

34 423+218=

35 482+186=

36 531+291=

37 562+284=

38 670+297=

39 683+153=

40 777+170=

41 782+123=

42 791+154=

43　103＋249＝

44　135＋456＝

45　136＋514＝

46　227＋257＝

47　246＋415＝

48　312＋618＝

49　348＋526＝

50　386＋105＝

51　418＋276＝

52　457＋213＝

53　495＋352＝

54　526＋180＝

55　561＋174＝

56　570＋299＝

57　592＋234＝

58　641＋187＝

59　655＋193＝

60　680＋265＝

61　761＋152＝

62　772＋143＝

63　796＋121＝

03 받아올림이 두 번 있는 (세 자리 수)＋(세 자리 수)

⬤ 215＋186의 계산

일의 자리에서 받아올림이 있으면 십의 자리로,
십의 자리에서 받아올림이 있으면 백의 자리로 받아올려 계산합니다.

```
    1                    1 1                  1 1
  2 1 5              2 1 5               2 1 5
+ 1 8 6      →     + 1 8 6       →     + 1 8 6
      1                0 1              4 0 1
```
  ⌣5＋6=11⌣   ⌣1＋1＋8=10⌣   ⌣1＋2＋1=4⌣

⭕ 계산해 보세요.

1
```
  1 6 3
+ 4 5 7
```

2
```
  2 8 4
+ 5 2 9
```

3
```
  3 5 8
+ 5 4 5
```

4
```
  4 2 5
+ 1 8 9
```

5
```
  4 5 6
+ 3 9 7
```

6
```
  5 7 3
+ 2 6 8
```

7
```
  6 2 5
+ 2 8 5
```

8
```
  7 4 6
+ 1 5 4
```

9
```
  7 6 2
+ 1 3 9
```

⑩　　　1　2　6
　　＋　7　7　6

⑯　　　3　5　5
　　＋　2　4　8

㉒　　　5　8　1
　　＋　1　2　9

⑪　　　1　7　3
　　＋　6　6　9

⑰　　　3　6　4
　　＋　1　4　9

㉓　　　6　7　5
　　＋　2　6　8

⑫　　　1　8　8
　　＋　5　2　4

⑱　　　3　8　6
　　＋　2　2　7

㉔　　　6　8　4
　　＋　2　3　9

⑬　　　2　1　6
　　＋　5　8　9

⑲　　　4　3　7
　　＋　2　9　4

㉕　　　7　3　7
　　＋　1　8　5

⑭　　　2　7　3
　　＋　6　4　8

⑳　　　4　8　2
　　＋　3　6　8

㉖　　　7　5　8
　　＋　1　6　2

⑮　　　3　4　8
　　＋　1　8　7

㉑　　　5　3　5
　　＋　3　7　9

㉗　　　7　9　4
　　＋　1　0　7

○ 계산해 보세요.

㉘ 119＋482＝

㉝ 383＋259＝

㊳ 608＋294＝

㉙ 197＋154＝

㉞ 435＋268＝

㊴ 624＋297＝

㉚ 248＋477＝

㉟ 446＋175＝

㊵ 651＋199＝

㉛ 297＋693＝

㊱ 543＋298＝

㊶ 742＋168＝

㉜ 316＋584＝

㊲ 558＋163＝

㊷ 776＋156＝

43 $139+679=$

44 $187+124=$

45 $198+412=$

46 $215+396=$

47 $226+597=$

48 $258+353=$

49 $286+529=$

50 $336+174=$

51 $369+247=$

52 $372+569=$

53 $426+287=$

54 $459+156=$

55 $488+194=$

56 $527+383=$

57 $538+293=$

58 $574+356=$

59 $625+285=$

60 $654+157=$

61 $717+195=$

62 $756+176=$

63 $781+119=$

받아올림이 세 번 있는 (세 자리 수)＋(세 자리 수)

●○ 439＋784의 계산

각 자리에서 받아올림이 있으면 바로 윗자리로 1을 받아올려 계산합니다.

$$
\begin{array}{r}
\overset{1}{} \\
4\ 3\ 9 \\
+\ 7\ 8\ 4 \\
\hline
3
\end{array}
\quad\rightarrow\quad
\begin{array}{r}
\overset{1}{}\overset{1}{} \\
4\ 3\ 9 \\
+\ 7\ 8\ 4 \\
\hline
2\ 3
\end{array}
\quad\rightarrow\quad
\begin{array}{r}
\overset{1}{}\overset{1}{} \\
4\ 3\ 9 \\
+\ 7\ 8\ 4 \\
\hline
1\ 2\ 2\ 3
\end{array}
$$

9＋4＝13   1＋3＋8＝12   1＋4＋7＝12

○ 계산해 보세요.

1
$$
\begin{array}{r}
1\ 7\ 5 \\
+\ 8\ 2\ 7 \\
\hline
\end{array}
$$

4
$$
\begin{array}{r}
4\ 5\ 6 \\
+\ 5\ 9\ 8 \\
\hline
\end{array}
$$

7
$$
\begin{array}{r}
7\ 4\ 3 \\
+\ 4\ 8\ 7 \\
\hline
\end{array}
$$

2
$$
\begin{array}{r}
2\ 4\ 9 \\
+\ 7\ 5\ 4 \\
\hline
\end{array}
$$

5
$$
\begin{array}{r}
5\ 7\ 4 \\
+\ 8\ 7\ 7 \\
\hline
\end{array}
$$

8
$$
\begin{array}{r}
8\ 7\ 2 \\
+\ 3\ 8\ 9 \\
\hline
\end{array}
$$

3
$$
\begin{array}{r}
3\ 2\ 1 \\
+\ 6\ 8\ 9 \\
\hline
\end{array}
$$

6
$$
\begin{array}{r}
6\ 9\ 9 \\
+\ 4\ 0\ 6 \\
\hline
\end{array}
$$

9
$$
\begin{array}{r}
9\ 3\ 8 \\
+\ 1\ 6\ 8 \\
\hline
\end{array}
$$

⑩
```
    1 3 6
+   9 6 5
─────────
```

⑯
```
    4 7 2
+   8 6 8
─────────
```

㉒
```
    7 0 7
+   4 9 7
─────────
```

⑪
```
    1 5 9
+   8 8 1
─────────
```

⑰
```
    4 9 8
+   7 5 3
─────────
```

㉓
```
    7 6 2
+   6 5 9
─────────
```

⑫
```
    2 5 3
+   7 5 9
─────────
```

⑱
```
    5 4 5
+   8 5 5
─────────
```

㉔
```
    8 1 3
+   3 8 7
─────────
```

⑬
```
    3 3 2
+   7 8 8
─────────
```

⑲
```
    5 7 6
+   5 7 6
─────────
```

㉕
```
    8 9 8
+   9 5 9
─────────
```

⑭
```
    3 7 9
+   8 9 4
─────────
```

⑳
```
    6 4 7
+   9 7 3
─────────
```

㉖
```
    9 5 3
+   4 6 8
─────────
```

⑮
```
    3 8 3
+   7 3 9
─────────
```

㉑
```
    6 9 4
+   3 8 7
─────────
```

㉗
```
    9 7 5
+   2 6 5
─────────
```

○ 계산해 보세요.

㉘ 153＋968＝

㉝ 464＋687＝

㊳ 759＋665＝

㉙ 195＋876＝

㉞ 481＋669＝

㊴ 764＋446＝

㉚ 267＋743＝

㉟ 512＋488＝

㊵ 806＋799＝

㉛ 319＋784＝

㊱ 594＋927＝

㊶ 869＋568＝

㉜ 385＋857＝

㊲ 607＋495＝

㊷ 923＋989＝

43 134＋986＝

44 192＋909＝

45 224＋888＝

46 257＋773＝

47 306＋695＝

48 359＋958＝

49 458＋842＝

50 487＋865＝

51 545＋466＝

52 589＋552＝

53 665＋485＝

54 678＋764＝

55 679＋383＝

56 714＋397＝

57 738＋673＝

58 792＋458＝

59 847＋496＝

60 852＋859＝

61 918＋782＝

62 943＋178＝

63 956＋246＝

계산 Plus+

(세 자리 수) + (세 자리 수)

○ 빈칸에 알맞은 수를 써넣으세요.

1
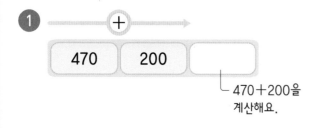

470   200

└ 470+200을
계산해요.

5
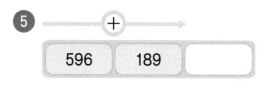

596   189

2

114   528

6

645   296

3

277   282

7

786   995

4
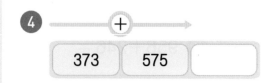

373   575

8

978   542

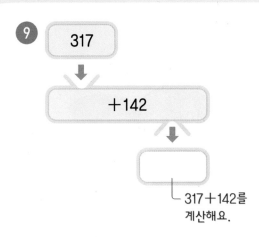

9

317

↓

+142

↓

317+142를
계산해요.

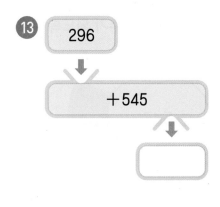

13

296

↓

+545

↓

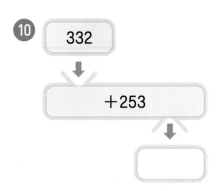

10

332

↓

+253

↓

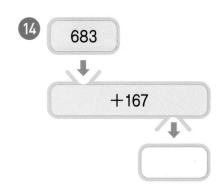

14

683

↓

+167

↓

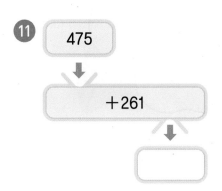

11

475

↓

+261

↓

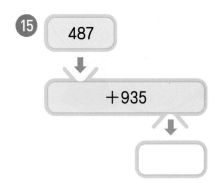

15

487

↓

+935

↓

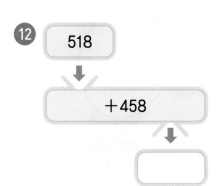

12

518

↓

+458

↓

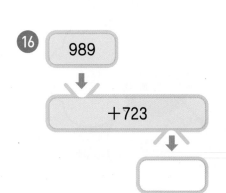

16

989

↓

+723

↓

두 수의 합이 꽃 한가운데의 수가 되도록 나머지 한 수를 찾아 색칠해 보세요.

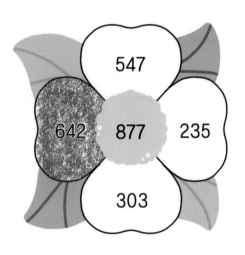

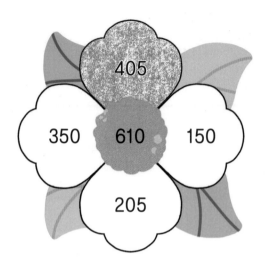

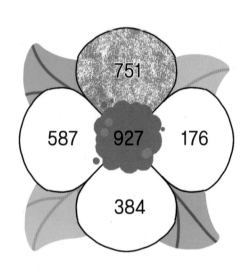

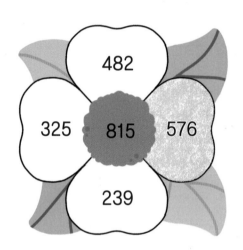

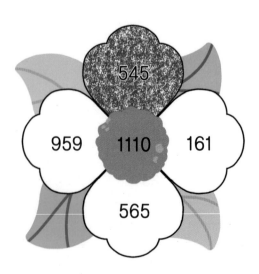

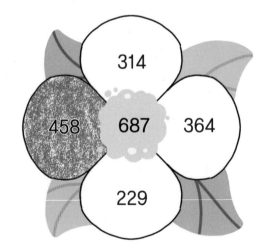

● 덧셈을 하여 표에서 합이 나타내는 색으로 물고기를 색칠해 보세요.

827	958	1190

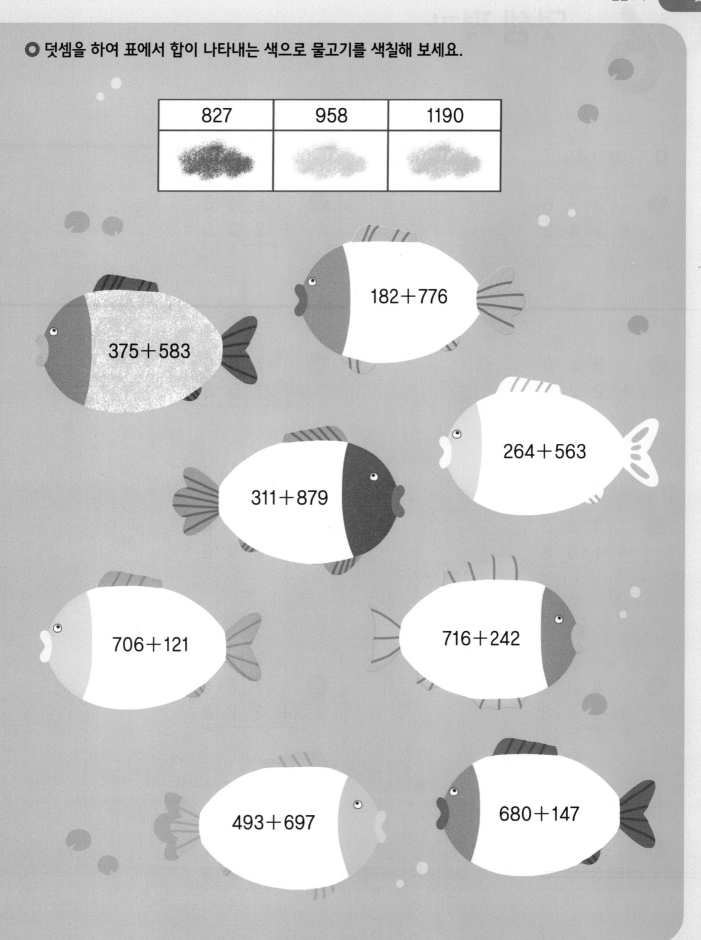

375+583

182+776

264+563

311+879

706+121

716+242

493+697

680+147

06 덧셈 평가

○ 계산해 보세요.

1
```
    2 2 6
  + 3 4 3
```

6
```
    5 4 5
  + 2 9 6
```

2
```
    5 4 8
  + 2 2 1
```

7
```
    7 6 9
  + 1 5 3
```

3
```
    3 2 5
  + 1 6 8
```

8
```
    6 8 4
  + 8 9 6
```

4
```
    6 3 2
  + 2 8 3
```

9
```
    7 7 5
  + 3 2 8
```

5
```
    4 8 6
  + 3 3 5
```

10
```
    9 4 7
  + 5 8 3
```

⑪ 452＋324＝

⑫ 554＋317＝

⑬ 268＋674＝

⑭ 465＋359＝

⑮ 764＋348＝

⑯ 815＋786＝

○ 빈칸에 알맞은 수를 써넣으세요.

⑰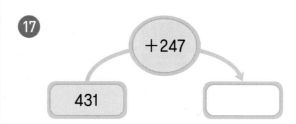

⑱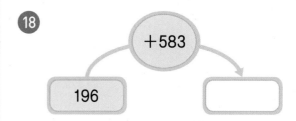

⑲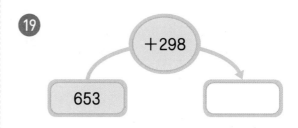

⑳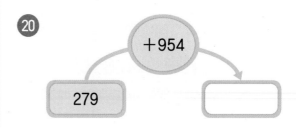

2 뺄셈

세 자리 수의 뺄셈 훈련이 중요한

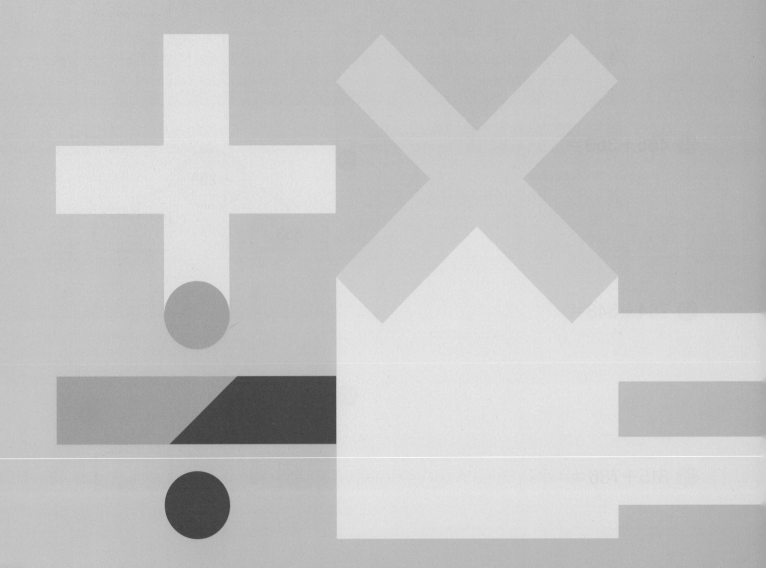

07 받아내림이 없는 (세 자리 수) − (세 자리 수)

08 받아내림이 한 번 있는 (세 자리 수) − (세 자리 수)

09 받아내림이 두 번 있는 (세 자리 수) − (세 자리 수)

10 어떤 수 구하기

11 계산 Plus+

12 뺄셈 평가

받아내림이 없는 (세 자리 수) − (세 자리 수)

○ **357 − 132의 계산**

각 자리의 숫자를 맞추어 적은 후,

'일의 자리 → 십의 자리 → 백의 자리' 순서로 계산합니다.

$$
\begin{array}{r}
3\ 5\ 7 \\
-\ 1\ 3\ 2 \\
\hline
5
\end{array}
\quad \rightarrow \quad
\begin{array}{r}
3\ 5\ 7 \\
-\ 1\ 3\ 2 \\
\hline
2\ 5
\end{array}
\quad \rightarrow \quad
\begin{array}{r}
3\ 5\ 7 \\
-\ 1\ 3\ 2 \\
\hline
2\ 2\ 5
\end{array}
$$

7−2=5   5−3=2   3−1=2

○ **계산해 보세요.**

①
$$
\begin{array}{r}
2\ 5\ 6 \\
-\ 1\ 2\ 4 \\
\hline
\end{array}
$$

④
$$
\begin{array}{r}
4\ 1\ 9 \\
-\ 2\ 0\ 5 \\
\hline
\end{array}
$$

⑦
$$
\begin{array}{r}
7\ 0\ 7 \\
-\ 4\ 0\ 2 \\
\hline
\end{array}
$$

②
$$
\begin{array}{r}
3\ 1\ 8 \\
-\ 2\ 0\ 6 \\
\hline
\end{array}
$$

⑤
$$
\begin{array}{r}
5\ 2\ 8 \\
-\ 1\ 2\ 7 \\
\hline
\end{array}
$$

⑧
$$
\begin{array}{r}
8\ 7\ 4 \\
-\ 4\ 4\ 0 \\
\hline
\end{array}
$$

③
$$
\begin{array}{r}
3\ 6\ 7 \\
-\ 1\ 5\ 5 \\
\hline
\end{array}
$$

⑥
$$
\begin{array}{r}
6\ 3\ 5 \\
-\ 3\ 2\ 3 \\
\hline
\end{array}
$$

⑨
$$
\begin{array}{r}
9\ 6\ 2 \\
-\ 2\ 3\ 1 \\
\hline
\end{array}
$$

⑩
$$
\begin{array}{r}
2\ 3\ 8 \\
-\ 1\ 1\ 7 \\
\hline
\end{array}
$$

⑯
$$
\begin{array}{r}
4\ 5\ 9 \\
-\ 3\ 1\ 2 \\
\hline
\end{array}
$$

㉒
$$
\begin{array}{r}
7\ 8\ 5 \\
-\ 3\ 5\ 4 \\
\hline
\end{array}
$$

⑪
$$
\begin{array}{r}
2\ 7\ 6 \\
-\ 1\ 5\ 3 \\
\hline
\end{array}
$$

⑰
$$
\begin{array}{r}
5\ 2\ 7 \\
-\ 2\ 2\ 3 \\
\hline
\end{array}
$$

㉓
$$
\begin{array}{r}
8\ 2\ 9 \\
-\ 2\ 1\ 1 \\
\hline
\end{array}
$$

⑫
$$
\begin{array}{r}
3\ 1\ 9 \\
-\ 2\ 0\ 7 \\
\hline
\end{array}
$$

⑱
$$
\begin{array}{r}
5\ 8\ 6 \\
-\ 1\ 5\ 1 \\
\hline
\end{array}
$$

㉔
$$
\begin{array}{r}
8\ 6\ 6 \\
-\ 1\ 6\ 4 \\
\hline
\end{array}
$$

⑬
$$
\begin{array}{r}
3\ 7\ 5 \\
-\ 1\ 6\ 5 \\
\hline
\end{array}
$$

⑲
$$
\begin{array}{r}
6\ 7\ 5 \\
-\ 5\ 1\ 2 \\
\hline
\end{array}
$$

㉕
$$
\begin{array}{r}
9\ 3\ 2 \\
-\ 6\ 1\ 1 \\
\hline
\end{array}
$$

⑭
$$
\begin{array}{r}
4\ 2\ 8 \\
-\ 2\ 1\ 6 \\
\hline
\end{array}
$$

⑳
$$
\begin{array}{r}
6\ 9\ 9 \\
-\ 2\ 1\ 3 \\
\hline
\end{array}
$$

㉖
$$
\begin{array}{r}
9\ 5\ 8 \\
-\ 3\ 2\ 6 \\
\hline
\end{array}
$$

⑮
$$
\begin{array}{r}
4\ 3\ 4 \\
-\ 1\ 1\ 2 \\
\hline
\end{array}
$$

㉑
$$
\begin{array}{r}
7\ 4\ 7 \\
-\ 6\ 1\ 5 \\
\hline
\end{array}
$$

㉗
$$
\begin{array}{r}
9\ 9\ 1 \\
-\ 6\ 7\ 0 \\
\hline
\end{array}
$$

○ **계산해 보세요.**

28 258－107＝

각 자리를
맞추어 쓴 후
세로로 계산해요.

	2	5	8
－	1	0	7

29 284－162＝

30 329－108＝

31 336－325＝

32 438－217＝

33 496－153＝

34 578－346＝

35 593－241＝

36 659－432＝

37 687－365＝

38 752－541＝

39 786－225＝

40 839－324＝

41 935－731＝

42 984－423＝

43 $237-221=$

44 $296-175=$

45 $359-216=$

46 $364-203=$

47 $399-178=$

48 $455-213=$

49 $484-170=$

50 $539-223=$

51 $562-342=$

52 $648-135=$

53 $677-226=$

54 $694-541=$

55 $726-423=$

56 $749-614=$

57 $796-371=$

58 $847-235=$

59 $875-132=$

60 $891-481=$

61 $928-513=$

62 $953-642=$

63 $979-118=$

받아내림이 한 번 있는 (세 자리 수) − (세 자리 수)

564−372의 계산

같은 자리 수끼리 뺄 수 없으면 **바로 윗자리에서 10을 받아내려** 계산합니다.

$$
\begin{array}{ccc}
\begin{array}{r} 5\,6\,4 \\ -\,3\,7\,2 \\ \hline 2 \end{array}
&
\begin{array}{r} \overset{4\ \ 10}{\cancel{5}}\,6\,4 \\ -\,3\,7\,2 \\ \hline 9\,2 \end{array}
&
\begin{array}{r} \overset{4\ \ 10}{\cancel{5}}\,6\,4 \\ -\,3\,7\,2 \\ \hline 1\,9\,2 \end{array}
\end{array}
$$

4−2=2　　10+6−7=9　　4−3=1

○ 계산해 보세요.

1
```
    2 4 3
  − 1 2 9
```

2
```
    3 7 5
  − 1 3 7
```

3
```
    4 9 3
  − 2 5 4
```

4
```
    5 5 1
  − 2 2 2
```

5
```
    5 9 4
  − 3 4 6
```

6
```
    6 6 5
  − 1 7 2
```

7
```
    7 3 6
  − 6 8 4
```

8
```
    8 1 9
  − 3 5 1
```

9
```
    9 0 8
  − 7 3 2
```

10)
$$
\begin{array}{r}
2\ 3\ 2 \\
-\ 1\ 1\ 8 \\
\hline
\end{array}
$$

16)
$$
\begin{array}{r}
4\ 8\ 7 \\
-\ 2\ 5\ 9 \\
\hline
\end{array}
$$

22)
$$
\begin{array}{r}
7\ 0\ 5 \\
-\ 2\ 1\ 4 \\
\hline
\end{array}
$$

11)
$$
\begin{array}{r}
2\ 5\ 0 \\
-\ 1\ 4\ 9 \\
\hline
\end{array}
$$

17)
$$
\begin{array}{r}
5\ 3\ 7 \\
-\ 3\ 1\ 8 \\
\hline
\end{array}
$$

23)
$$
\begin{array}{r}
7\ 2\ 9 \\
-\ 4\ 8\ 7 \\
\hline
\end{array}
$$

12)
$$
\begin{array}{r}
3\ 4\ 1 \\
-\ 1\ 2\ 6 \\
\hline
\end{array}
$$

18)
$$
\begin{array}{r}
5\ 6\ 4 \\
-\ 3\ 3\ 9 \\
\hline
\end{array}
$$

24)
$$
\begin{array}{r}
8\ 6\ 3 \\
-\ 4\ 9\ 2 \\
\hline
\end{array}
$$

13)
$$
\begin{array}{r}
3\ 8\ 2 \\
-\ 1\ 5\ 9 \\
\hline
\end{array}
$$

19)
$$
\begin{array}{r}
6\ 0\ 6 \\
-\ 2\ 9\ 2 \\
\hline
\end{array}
$$

25)
$$
\begin{array}{r}
8\ 6\ 7 \\
-\ 2\ 7\ 3 \\
\hline
\end{array}
$$

14)
$$
\begin{array}{r}
4\ 1\ 1 \\
-\ 2\ 0\ 2 \\
\hline
\end{array}
$$

20)
$$
\begin{array}{r}
6\ 1\ 8 \\
-\ 2\ 5\ 3 \\
\hline
\end{array}
$$

26)
$$
\begin{array}{r}
9\ 1\ 4 \\
-\ 3\ 6\ 0 \\
\hline
\end{array}
$$

15)
$$
\begin{array}{r}
4\ 6\ 3 \\
-\ 1\ 3\ 5 \\
\hline
\end{array}
$$

21)
$$
\begin{array}{r}
6\ 4\ 9 \\
-\ 1\ 7\ 8 \\
\hline
\end{array}
$$

27)
$$
\begin{array}{r}
9\ 6\ 7 \\
-\ 5\ 8\ 5 \\
\hline
\end{array}
$$

계산해 보세요.

28 250−124=

33 472−318=

38 737−163=

29 275−116=

34 543−135=

39 749−282=

30 352−105=

35 554−216=

40 806−451=

31 385−239=

36 627−165=

41 958−273=

32 451−246=

37 653−281=

42 965−594=

㊸ 223−119=

㊹ 241−104=

㊺ 340−218=

㊻ 372−113=

㊼ 384−217=

㊽ 422−316=

㊾ 450−143=

㊿ 461−108=

(51) 530−312=

(52) 567−248=

(53) 595−236=

(54) 615−373=

(55) 639−388=

(56) 741−270=

(57) 773−283=

(58) 784−192=

(59) 807−341=

(60) 859−587=

(61) 924−494=

(62) 957−375=

(63) 976−492=

받아내림이 두 번 있는
(세 자리 수) − (세 자리 수)

323−176의 계산

일의 자리끼리 뺄 수 없을 때에는 십의 자리에서,
십의 자리끼리 뺄 수 없을 때에는 백의 자리에서 받아내림하여 계산합니다.

```
    1  10              2  11  10            2  11  10
  3  2̷  3̷           3̷  2̷  3̷           3̷  2̷  3̷
-  1  7  6    →    -  1  7  6    →    -  1  7  6
        7                4  7             1  4  7
```

10+3−6=7   11−7=4   2−1=1

◯ 계산해 보세요.

1
```
   2  2  4
-  1  5  7
```

2
```
   3  2  0
-  1  5  9
```

3
```
   4  1  1
-  1  8  8
```

4
```
   5  1  2
-  3  5  8
```

5
```
   5  3  1
-  2  4  4
```

6
```
   6  3  5
-  2  7  9
```

7
```
   7  2  6
-  4  6  9
```

8
```
   8  1  5
-  3  1  6
```

9
```
   9  2  3
-  4  8  7
```

⑩
```
    2 4 1
  − 1 6 5
```

⑯
```
    4 9 0
  − 1 9 2
```

㉒
```
    7 4 7
  − 3 8 9
```

⑪
```
    2 5 6
  − 1 7 7
```

⑰
```
    5 2 4
  − 3 9 5
```

㉓
```
    7 6 5
  − 4 9 7
```

⑫
```
    3 4 0
  − 1 8 2
```

⑱
```
    5 7 3
  − 2 9 4
```

㉔
```
    8 3 6
  − 6 7 9
```

⑬
```
    3 8 1
  − 2 9 6
```

⑲
```
    6 5 1
  − 2 6 8
```

㉕
```
    8 8 3
  − 7 8 5
```

⑭
```
    4 3 6
  − 2 5 7
```

⑳
```
    6 6 2
  − 1 8 3
```

㉖
```
    9 3 4
  − 2 9 8
```

⑮
```
    4 5 2
  − 1 8 4
```

㉑
```
    6 9 0
  − 3 9 1
```

㉗
```
    9 6 5
  − 6 7 6
```

○ 계산해 보세요.

㉘ 240-186=

㉝ 471-289=

㊳ 724-446=

㉙ 262-197=

㉞ 538-379=

㊴ 765-387=

㉚ 313-175=

㉟ 572-198=

㊵ 850-273=

㉛ 358-269=

㊱ 630-251=

㊶ 911-592=

㉜ 431-183=

㊲ 644-395=

㊷ 926-258=

43 $231-153=$

44 $280-192=$

45 $305-179=$

46 $352-293=$

47 $363-184=$

48 $417-128=$

49 $426-239=$

50 $454-269=$

51 $543-368=$

52 $561-274=$

53 $576-187=$

54 $612-439=$

55 $635-246=$

56 $684-397=$

57 $712-334=$

58 $723-566=$

59 $810-639=$

60 $864-165=$

61 $912-657=$

62 $961-488=$

63 $980-292=$

어떤 수 구하기

원리 덧셈식을 뺄셈식으로 나타내기

$$3+4=7 \rightarrow \begin{cases} 7-3=4 \\ 7-4=3 \end{cases}$$

적용 덧셈식의 어떤 수($\square$) 구하기

· $181+\square=397$
→ $\square=397-181=216$

· $\square+216=397$
→ $\square=397-216=181$

원리 뺄셈식을 덧셈식으로 나타내기

$$7-4=3 \rightarrow \begin{cases} 3+4=7 \\ 4+3=7 \end{cases}$$

적용 뺄셈식의 어떤 수($\square$) 구하기

· $592-\square=427$
→ $427+\square=592$
→ $\square=592-427=165$

· $\square-165=427$
→ $\square=427+165=592$

○ 어떤 수($\square$)를 구하려고 합니다. 빈칸에 알맞은 수를 써넣으세요.

❶ $173+\boxed{}=542$

$542-173=\boxed{}$

❸ $\boxed{}+441=650$

$650-441=\boxed{}$

❷ $276+\boxed{}=823$

$823-276=\boxed{}$

❹ $\boxed{}+432=757$

$757-432=\boxed{}$

5 $406 - \boxed{} = 129$

$406 - 129 = \boxed{}$

6 $568 - \boxed{} = 233$

$568 - 233 = \boxed{}$

7 $724 - \boxed{} = 328$

$724 - 328 = \boxed{}$

8 $857 - \boxed{} = 614$

$857 - 614 = \boxed{}$

9 $893 - \boxed{} = 509$

$893 - 509 = \boxed{}$

10 $\boxed{} - 372 = 163$

$163 + 372 = \boxed{}$

11 $\boxed{} - 145 = 457$

$457 + 145 = \boxed{}$

12 $\boxed{} - 524 = 196$

$196 + 524 = \boxed{}$

13 $\boxed{} - 325 = 548$

$548 + 325 = \boxed{}$

14 $\boxed{} - 426 = 563$

$563 + 426 = \boxed{}$

○ 어떤 수($\square$)를 구하려고 합니다. 빈칸에 알맞은 수를 써넣으세요.

15 $283 + \boxed{} = 812$

16 $322 + \boxed{} = 558$

17 $419 + \boxed{} = 983$

18 $523 + \boxed{} = 762$

19 $651 + \boxed{} = 779$

20 $762 + \boxed{} = 900$

21 $\boxed{} + 243 = 410$

22 $\boxed{} + 672 = 915$

23 $\boxed{} + 428 = 746$

24 $\boxed{} + 182 = 637$

25 $\boxed{} + 324 = 911$

26 $\boxed{} + 131 = 748$

27 $301 - \boxed{} = 152$

28 $436 - \boxed{} = 249$

29 $572 - \boxed{} = 338$

30 $674 - \boxed{} = 585$

31 $759 - \boxed{} = 397$

32 $882 - \boxed{} = 745$

33 $\boxed{} - 183 = 175$

34 $\boxed{} - 149 = 308$

35 $\boxed{} - 356 = 217$

36 $\boxed{} - 420 = 182$

37 $\boxed{} - 269 = 465$

38 $\boxed{} - 168 = 693$

11 계산 Plus+

(세 자리 수) − (세 자리 수)

○ 빈칸에 알맞은 수를 써넣으세요.

1

−135

249 ⟶ ☐
└ 249−135를
계산해요.

2

−420

671 ⟶ ☐

3

−363

892 ⟶ ☐

4

−521

730 ⟶ ☐

5

−264

417 ⟶ ☐

6

−231

921 ⟶ ☐

7

−195

382 ⟶ ☐

8

−392

540 ⟶ ☐

9　213 ➡ −112 ➡ [　　]

└ 213−112를
계산해요.

10　342 ➡ −120 ➡ [　　]

11　696 ➡ −375 ➡ [　　]

12　384 ➡ −215 ➡ [　　]

13　441 ➡ −236 ➡ [　　]

14　770 ➡ −145 ➡ [　　]

15　567 ➡ −180 ➡ [　　]

16　614 ➡ −261 ➡ [　　]

17　636 ➡ −182 ➡ [　　]

18　705 ➡ −367 ➡ [　　]

19　846 ➡ −148 ➡ [　　]

20　943 ➡ −559 ➡ [　　]

병아리가 지나간 길에 있는 두 수의 차가 닭에 있는 수가 되도록 선으로 이어 보세요.

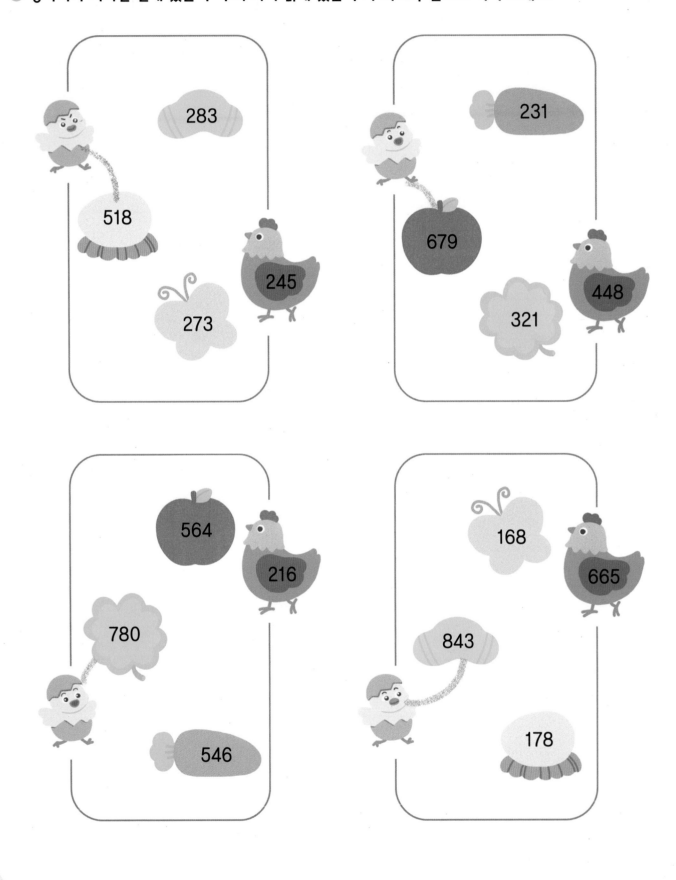

● 계산 결과를 따라가면서 과자집에 도착해 보세요.

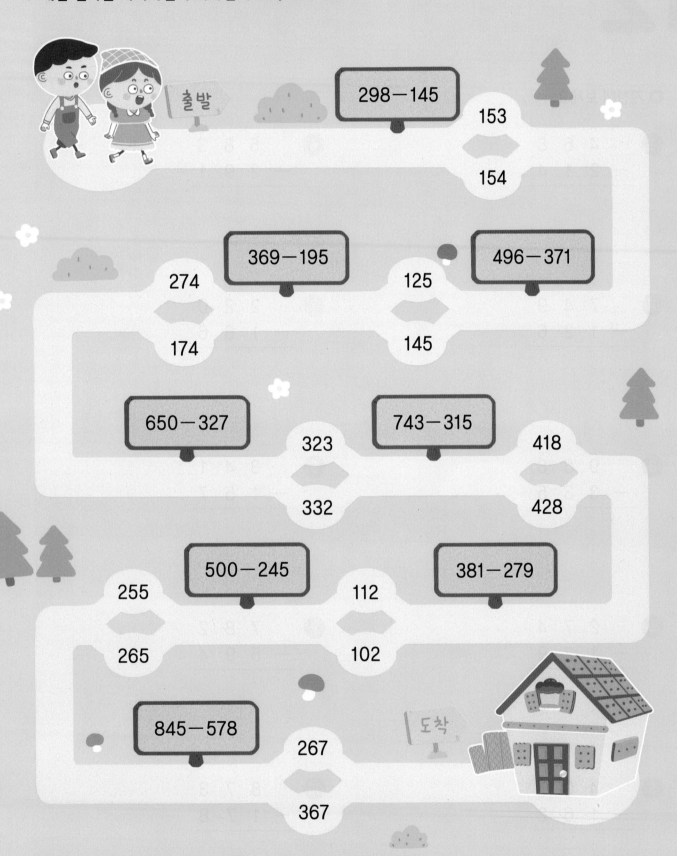

빨셈 평가

○ 계산해 보세요.

1
```
    4 6 8
  - 2 1 4
```

6
```
    5 8 3
  - 2 9 1
```

2
```
    7 4 9
  - 1 2 6
```

7
```
    2 2 0
  - 1 6 6
```

3
```
    9 6 8
  - 3 3 5
```

8
```
    3 4 1
  - 1 5 7
```

4
```
    2 7 4
  - 1 2 9
```

9
```
    7 8 2
  - 5 9 4
```

5
```
    4 0 7
  - 1 6 2
```

10
```
    8 7 3
  - 1 7 8
```

⑪ 296−153＝

⑫ 587−264＝

⑬ 352−161＝

⑭ 791−412＝

⑮ 765−189＝

⑯ 826−257＝

○ 빈칸에 알맞은 수를 써넣으세요.

⑰
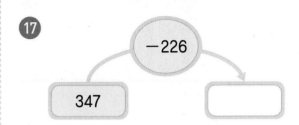

⑱
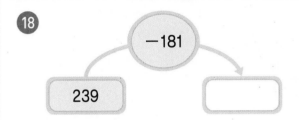

⑲
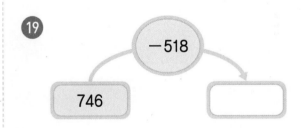

⑳
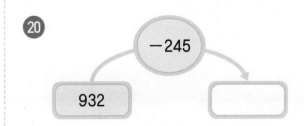

3 나눗셈

나눗셈의 **의미**를 알고,
나눗셈의 몫을 구하는 훈련이 중요한

13 똑같이 나누기

14 곱셈과 나눗셈의 관계

15 나눗셈의 몫 구하기

16 어떤 수 구하기

17 계산 Plus+

18 나눗셈 평가

13 똑같이 나누기

● 똑같이 나누어 주는 나눗셈

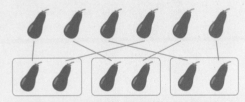

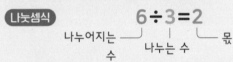

가지 **6**개를 **3**명이 똑같이 나누면
한 명이 **2**개씩 가질 수 있습니다.

나눗셈식   **6÷3=2**

나누어지는 수 ┘   └ 나누는 수   └ 몫

읽기 **6** 나누기 **3**은 **2**와 같습니다.

● 같은 양이 몇 번 들어 있는 나눗셈

• 가지 **6**개를 **3**개씩 묶으면 **2**묶음이
됩니다.

• **6**에서 **3**씩 **2**번 빼면 **0**입니다.
→ **6−3−3=0**

나눗셈식 **6÷3=2**

○ 사탕을 2명이 똑같이 나누어 먹으려고 합니다.
한 명이 사탕을 몇 개씩 먹을 수 있는지 ☐ 안에 알맞은 수를 써넣으세요.

1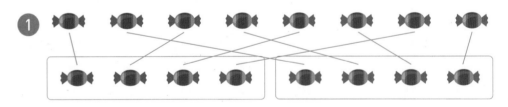

한 명이 사탕을 ☐ 개씩 먹을 수 있습니다.

2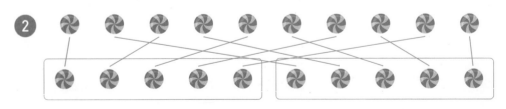

한 명이 사탕을 ☐ 개씩 먹을 수 있습니다.

◯ 아이스크림을 한 명에게 3개씩 주려고 합니다.
몇 명에게 나누어 줄 수 있는지 ◻ 안에 알맞은 수를 써넣으세요.

3

◻ 명에게 나누어 줄 수 있습니다.

4

◻ 명에게 나누어 줄 수 있습니다.

5

◻ 명에게 나누어 줄 수 있습니다.

6

◻ 명에게 나누어 줄 수 있습니다.

○ 컵케이크를 바구니 5개에 똑같이 나누어 담으려고 합니다.
한 바구니에 컵케이크를 몇 개씩 담을 수 있는지 ☐ 안에 알맞은 수를 써넣으세요.

7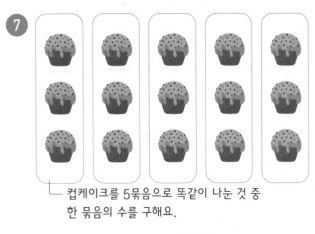

└ 컵케이크를 5묶음으로 똑같이 나눈 것 중
한 묶음의 수를 구해요.

$15 \div 5 = $ ☐ (개)

9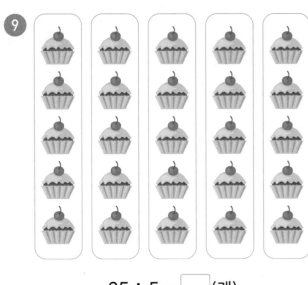

$25 \div 5 = $ ☐ (개)

8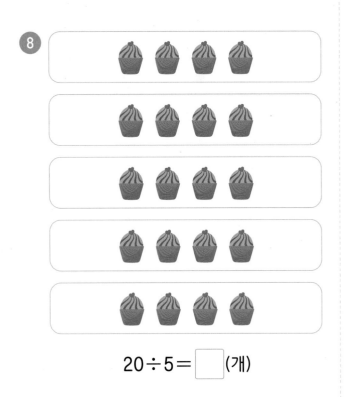

$20 \div 5 = $ ☐ (개)

10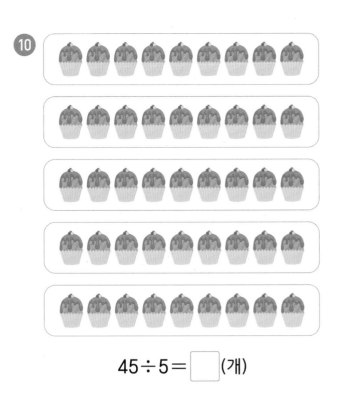

$45 \div 5 = $ ☐ (개)

⭕ 과일을 상자 한 개에 **4개씩** 담으려고 합니다.
상자는 몇 개 필요한지 ☐ 안에 알맞은 수를 써넣으세요.

11

└─ 과일을 4개씩 묶었을 때 묶음의 수를 구해요.

$$8 \div 4 = \boxed{} \text{(개)}$$

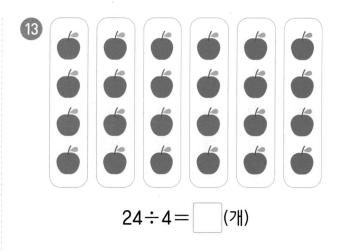

$$24 \div 4 = \boxed{} \text{(개)}$$

12

$$20 \div 4 = \boxed{} \text{(개)}$$

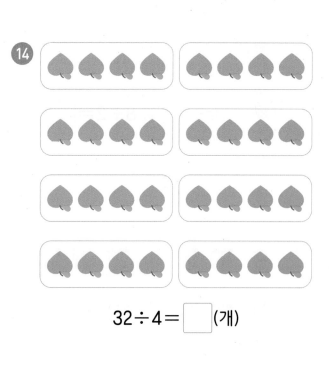

$$32 \div 4 = \boxed{} \text{(개)}$$

14 곱셈과 나눗셈의 관계

● 곱셈식을 나눗셈식으로 나타내기

곱셈식을 2개의 나눗셈식으로
나타낼 수 있습니다.

$3 \times 2 = 6$ ⟨ $6 \div 3 = 2$
$6 \div 2 = 3$

● 나눗셈식을 곱셈식으로 나타내기

나눗셈식을 2개의 곱셈식으로
나타낼 수 있습니다.

$16 \div 8 = 2$ ⟨ $8 \times 2 = 16$
$2 \times 8 = 16$

○ 그림을 보고 ☐ 안에 알맞은 수를 써넣으세요.

1

$2 \times \boxed{} = \boxed{}$ ⇨ $8 \div 2 = \boxed{}$

3

$\boxed{} \times 3 = \boxed{}$ ⇨ $18 \div \boxed{} = 3$

2

$3 \times \boxed{} = \boxed{}$ ⇨ $24 \div 3 = \boxed{}$

4

$\boxed{} \times 4 = \boxed{}$ ⇨ $36 \div \boxed{} = 4$

○ 곱셈식을 나눗셈식으로 나타내어 보세요.

5 $2 \times 5 = 10$
$10 \div 2 = \boxed{}$
$10 \div 5 = \boxed{}$

6 $3 \times 4 = 12$
$12 \div 3 = \boxed{}$
$12 \div 4 = \boxed{}$

7 $5 \times 6 = 30$
$30 \div 5 = \boxed{}$
$30 \div 6 = \boxed{}$

8 $6 \times 4 = 24$
$24 \div \boxed{} = 4$
$24 \div \boxed{} = 6$

9 $7 \times 8 = 56$
$56 \div \boxed{} = 8$
$56 \div \boxed{} = 7$

10 $9 \times 3 = 27$
$27 \div \boxed{} = 3$
$27 \div \boxed{} = 9$

○ 나눗셈식을 곱셈식으로 나타내어 보세요.

11 $14 \div 2 = 7$
$2 \times 7 = \boxed{}$
$7 \times 2 = \boxed{}$

12 $15 \div 3 = 5$
$3 \times 5 = \boxed{}$
$5 \times 3 = \boxed{}$

13 $18 \div 6 = 3$
$6 \times 3 = \boxed{}$
$3 \times 6 = \boxed{}$

14 $20 \div 4 = 5$
$4 \times \boxed{} = 20$
$5 \times \boxed{} = 20$

15 $21 \div 7 = 3$
$7 \times \boxed{} = 21$
$3 \times \boxed{} = 21$

16 $54 \div 9 = 6$
$9 \times \boxed{} = 54$
$6 \times \boxed{} = 54$

● 곱셈식을 나눗셈식으로 나타내어 보세요.

17 2×6=12

12÷2=□

12÷□=□

18 3×5=15

15÷3=□

15÷□=□

19 3×8=24

24÷□=8

24÷□=□

20 4×2=8

8÷□=2

8÷□=□

21 4×7=28

28÷4=□

□÷7=□

22 5×3=15

15÷5=□

□÷3=□

23 5×4=20

□÷5=□

20÷□=□

24 6×5=30

□÷6=□

30÷□=□

25 7×6=42

42÷□=□

□÷6=□

26 8×4=32

32÷□=□

□÷4=□

27 9×3=27

□÷9=□

□÷3=□

28 9×5=45

□÷9=□

□÷5=□

○ 나눗셈식을 곱셈식으로 나타내어 보세요.

29 $12 \div 3 = 4$
$3 \times 4 = \boxed{}$
$4 \times \boxed{} = \boxed{}$

35 $32 \div 8 = 4$
$8 \times \boxed{} = \boxed{}$
$\boxed{} \times 8 = \boxed{}$

30 $14 \div 7 = 2$
$7 \times 2 = \boxed{}$
$2 \times \boxed{} = \boxed{}$

36 $42 \div 6 = 7$
$6 \times \boxed{} = \boxed{}$
$\boxed{} \times 6 = \boxed{}$

31 $15 \div 5 = 3$
$5 \times \boxed{} = 15$
$3 \times \boxed{} = \boxed{}$

37 $45 \div 5 = 9$
$\boxed{} \times 9 = \boxed{}$
$9 \times \boxed{} = \boxed{}$

32 $18 \div 2 = 9$
$2 \times \boxed{} = 18$
$9 \times \boxed{} = \boxed{}$

38 $56 \div 7 = 8$
$\boxed{} \times 8 = \boxed{}$
$8 \times \boxed{} = \boxed{}$

33 $24 \div 4 = 6$
$4 \times 6 = \boxed{}$
$\boxed{} \times 4 = \boxed{}$

39 $63 \div 9 = 7$
$\boxed{} \times 7 = \boxed{}$
$\boxed{} \times 9 = \boxed{}$

34 $28 \div 7 = 4$
$7 \times 4 = \boxed{}$
$\boxed{} \times 7 = \boxed{}$

40 $72 \div 8 = 9$
$\boxed{} \times 9 = \boxed{}$
$\boxed{} \times 8 = \boxed{}$

15 나눗셈의 몫 구하기

● 나눗셈의 몫을 곱셈식으로 구하기

나눗셈 15÷3의 몫은 곱셈식
3×5=15를 이용하여 구할 수 있습니다.
15÷3= 5
3×5=15
→ 15÷3의 몫은 5입니다.

● 나눗셈의 몫을 곱셈구구로 구하기

15÷3
3단 곱셈구구에서 곱이 15인 곱셈식
을 찾아보면 3×5=15입니다.
→ 15÷3의 몫은 5입니다.

● 곱셈식을 이용하여 나눗셈의 몫을 구하려고 합니다. ☐ 안에 알맞은 수를 써넣으세요.

1 6÷3=☐

3×2=6

4 27÷9=☐

9×3=27

7 42÷7=☐

7×6=42

2 8÷2=☐

2×4=8

5 35÷5=☐

5×7=35

8 54÷6=☐

6×9=54

3 18÷6=☐

6×3=18

6 40÷8=☐

8×5=40

9 56÷7=☐

7×8=56

⑩ $10 \div 2 = \boxed{}$

　　$2 \times \boxed{} = 10$

⑪ $12 \div 3 = \boxed{}$

　　$3 \times \boxed{} = 12$

⑫ $14 \div 7 = \boxed{}$

　　$7 \times \boxed{} = 14$

⑬ $16 \div 2 = \boxed{}$

　　$2 \times \boxed{} = 16$

⑭ $20 \div 4 = \boxed{}$

　　$4 \times \boxed{} = 20$

⑮ $21 \div 3 = \boxed{}$

　　$3 \times \boxed{} = 21$

⑯ $24 \div 6 = \boxed{}$

　　$6 \times \boxed{} = 24$

⑰ $25 \div 5 = \boxed{}$

　　$5 \times \boxed{} = 25$

⑱ $28 \div 7 = \boxed{}$

　　$\boxed{} \times 7 = 28$

⑲ $32 \div 8 = \boxed{}$

　　$\boxed{} \times 8 = 32$

⑳ $36 \div 9 = \boxed{}$

　　$\boxed{} \times 9 = 36$

㉑ $45 \div 5 = \boxed{}$

　　$\boxed{} \times 5 = 45$

㉒ $49 \div 7 = \boxed{}$

　　$\boxed{} \times 7 = 49$

㉓ $64 \div 8 = \boxed{}$

　　$\boxed{} \times 8 = 64$

㉔ $72 \div 9 = \boxed{}$

　　$\boxed{} \times 9 = 72$

○ 나눗셈의 몫을 구해 보세요.

㉕ $4 \div 2 =$

㉜ $21 \div 7 =$

㊴ $48 \div 6 =$

㉖ $8 \div 4 =$

㉝ $24 \div 8 =$

㊵ $49 \div 7 =$

㉗ $9 \div 3 =$

㉞ $28 \div 4 =$

㊶ $54 \div 6 =$

㉘ $15 \div 5 =$

㉟ $30 \div 6 =$

㊷ $56 \div 8 =$

㉙ $16 \div 4 =$

㊱ $35 \div 7 =$

㊸ $63 \div 9 =$

㉚ $18 \div 3 =$

㊲ $36 \div 4 =$

㊹ $64 \div 8 =$

㉛ $20 \div 5 =$

㊳ $42 \div 6 =$

㊺ $72 \div 9 =$

46 $6 \div 2 =$

47 $10 \div 5 =$

48 $12 \div 4 =$

49 $14 \div 2 =$

50 $16 \div 8 =$

51 $20 \div 4 =$

52 $24 \div 3 =$

53 $25 \div 5 =$

54 $28 \div 7 =$

55 $32 \div 4 =$

56 $35 \div 5 =$

57 $36 \div 6 =$

58 $40 \div 5 =$

59 $42 \div 7 =$

60 $45 \div 9 =$

61 $48 \div 8 =$

62 $54 \div 9 =$

63 $56 \div 7 =$

64 $63 \div 7 =$

65 $72 \div 8 =$

66 $81 \div 9 =$

어떤 수 구하기

원리 **곱셈과 나눗셈의 관계** ▷ 적용 **나눗셈식의 어떤 수(□) 구하기**

$$8 \div 4 = 2 \rightarrow \begin{cases} 2 \times 4 = 8 \\ 4 \times 2 = 8 \end{cases}$$

- $\square \div 5 = 3$ → $\square = 3 \times 5 = 15$
- $15 \div \square = 3$ → $15 = 3 \times \square$
  → $\square = 15 \div 3 = 5$

○ **어떤 수(□)를 구하려고 합니다. 빈칸에 알맞은 수를 써넣으세요.**

1 $\boxed{} \div 2 = 2$

$2 \times 2 = \boxed{}$

4 $\boxed{} \div 9 = 4$

$4 \times 9 = \boxed{}$

2 $\boxed{} \div 3 = 6$

$6 \times 3 = \boxed{}$

5 $\boxed{} \div 7 = 6$

$6 \times 7 = \boxed{}$

3 $\boxed{} \div 5 = 5$

$5 \times 5 = \boxed{}$

6 $\boxed{} \div 7 = 7$

$7 \times 7 = \boxed{}$

7 $10 \div \boxed{} = 2$

$10 \div 2 = \boxed{}$

8 $16 \div \boxed{} = 2$

$16 \div 2 = \boxed{}$

9 $20 \div \boxed{} = 5$

$20 \div 5 = \boxed{}$

10 $24 \div \boxed{} = 8$

$24 \div 8 = \boxed{}$

11 $32 \div \boxed{} = 4$

$32 \div 4 = \boxed{}$

12 $35 \div \boxed{} = 7$

$35 \div 7 = \boxed{}$

13 $48 \div \boxed{} = 8$

$48 \div 8 = \boxed{}$

14 $54 \div \boxed{} = 9$

$54 \div 9 = \boxed{}$

15 $56 \div \boxed{} = 8$

$56 \div 8 = \boxed{}$

16 $63 \div \boxed{} = 7$

$63 \div 7 = \boxed{}$

○ 어떤 수($\square$)를 구하려고 합니다. 빈칸에 알맞은 수를 써넣으세요.

17 $\square \div 7 = 3$

23 $\square \div 4 = 9$

18 $\square \div 3 = 8$

24 $\square \div 9 = 5$

19 $\square \div 7 = 4$

25 $\square \div 6 = 8$

20 $\square \div 6 = 5$

26 $\square \div 7 = 8$

21 $\square \div 8 = 4$

27 $\square \div 9 = 7$

22 $\square \div 5 = 7$

28 $\square \div 8 = 9$

㉙ $9 \div \boxed{} = 3$

㉚ $14 \div \boxed{} = 2$

㉛ $27 \div \boxed{} = 3$

㉜ $28 \div \boxed{} = 7$

㉝ $30 \div \boxed{} = 6$

㉞ $36 \div \boxed{} = 6$

㉟ $40 \div \boxed{} = 5$

㊱ $42 \div \boxed{} = 6$

㊲ $54 \div \boxed{} = 6$

㊳ $56 \div \boxed{} = 7$

㊴ $64 \div \boxed{} = 8$

㊵ $81 \div \boxed{} = 9$

17 계산 Plus+

나눗셈의 몫 구하기

○ 빈칸에 알맞은 수를 써넣으세요.

1
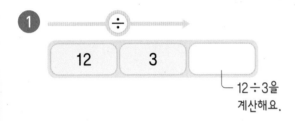

12 ÷ 3을
계산해요.

2

3
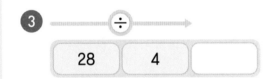

4

5
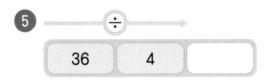

6

7
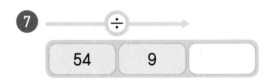

8
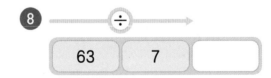

9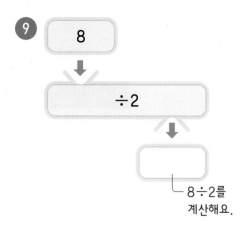

8 → ÷2 → □

└ 8÷2를
계산해요.

10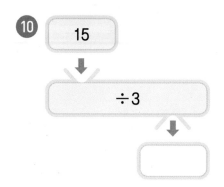

15 → ÷3 → □

11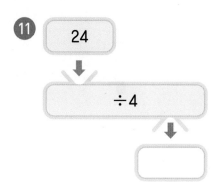

24 → ÷4 → □

12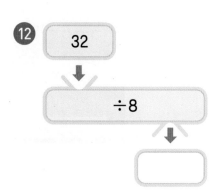

32 → ÷8 → □

13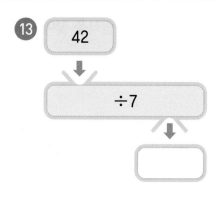

42 → ÷7 → □

14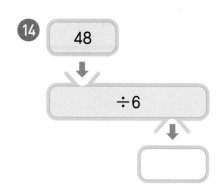

48 → ÷6 → □

15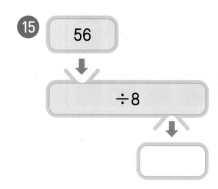

56 → ÷8 → □

16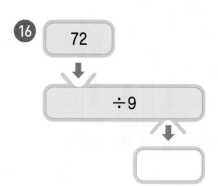

72 → ÷9 → □

○ 그림에 알맞은 곱셈식과 나눗셈식을 찾아 선으로 이어 보세요.

곱셈식

나눗셈식

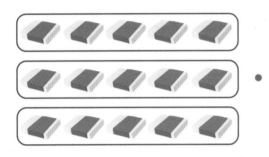

$5 \times 3 = 15$

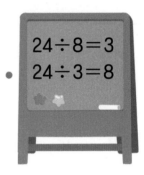

$24 \div 8 = 3$
$24 \div 3 = 8$

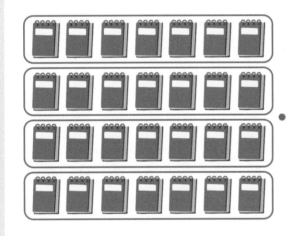

$8 \times 3 = 24$

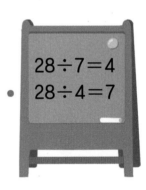

$28 \div 7 = 4$
$28 \div 4 = 7$

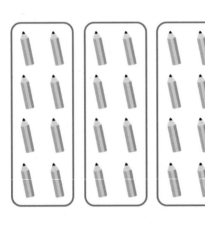

$7 \times 4 = 28$

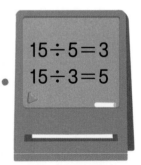

$15 \div 5 = 3$
$15 \div 3 = 5$

● 나눗셈을 하여 표에서 몫이 나타내는 색으로 알맞게 색칠해 보세요.

4	2	6

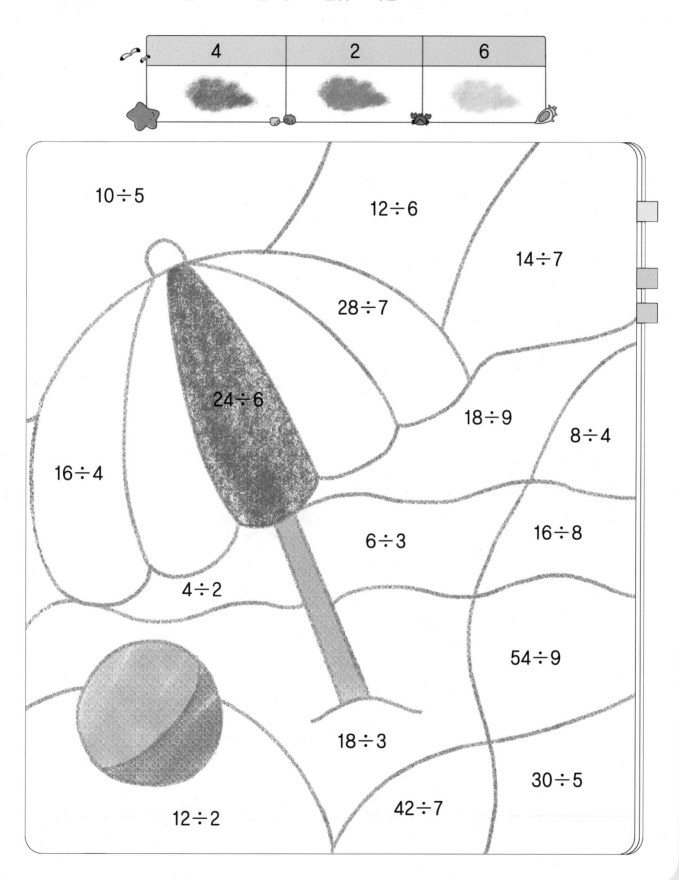

$10 \div 5$

$12 \div 6$

$14 \div 7$

$28 \div 7$

$24 \div 6$

$18 \div 9$

$8 \div 4$

$16 \div 4$

$6 \div 3$

$16 \div 8$

$4 \div 2$

$54 \div 9$

$18 \div 3$

$30 \div 5$

$12 \div 2$

$42 \div 7$

18 나눗셈 평가

● 간식을 2명이 똑같이 나누어 먹으려고 합니다. ⬜ 안에 알맞은 수를 써넣으세요.

1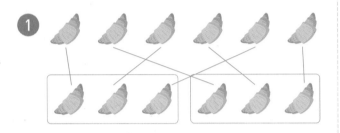

한 명이 빵을 ⬜ 개씩 먹을 수 있습니다.

2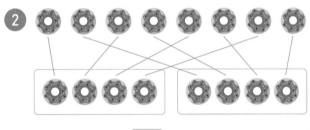

한 명이 도넛을 ⬜ 개씩 먹을 수 있습니다.

3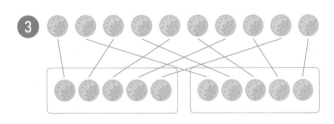

한 명이 과자를 ⬜ 개씩 먹을 수 있습니다.

4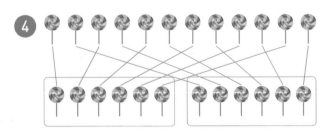

한 명이 사탕을 ⬜ 개씩 먹을 수 있습니다.

● 꽃을 꽃병 한 개에 3송이씩 꽂으려고 합니다. 꽃병은 몇 개 필요한지 ⬜ 안에 알맞은 수를 써넣으세요.

5

$9 \div 3 = $ ⬜ (개)

6

$12 \div 3 = $ ⬜ (개)

7

$18 \div 3 = $ ⬜ (개)

8

$27 \div 3 = $ ⬜ (개)

○ 곱셈식을 나눗셈식으로, 나눗셈식을 곱셈식으로 나타내어 보세요.

9　$2 \times 7 = 14$
$14 \div 2 = \boxed{}$
$14 \div \boxed{} = \boxed{}$

10　$4 \times 5 = 20$
$20 \div \boxed{} = \boxed{}$
$\boxed{} \div 5 = \boxed{}$

11　$7 \times 3 = 21$
$\boxed{} \div 7 = \boxed{}$
$\boxed{} \div 3 = \boxed{}$

12　$36 \div 4 = 9$
$4 \times 9 = \boxed{}$
$9 \times \boxed{} = \boxed{}$

13　$40 \div 8 = 5$
$\boxed{} \times 5 = \boxed{}$
$5 \times \boxed{} = \boxed{}$

14　$63 \div 7 = 9$
$\boxed{} \times 9 = \boxed{}$
$\boxed{} \times 7 = \boxed{}$

○ 나눗셈의 몫을 구해 보세요.

15　$10 \div 2 =$

16　$15 \div 3 =$

17　$16 \div 4 =$

18　$32 \div 8 =$

19　$48 \div 6 =$

20　$72 \div 9 =$

79

4 곱셈

(두 자리 수)×(한 자리 수)의 훈련이 중요한

(두 자리 수)×(한 자리 수)의 훈련이 중요한

19 (몇십)×(몇)

20 올림이 없는 (몇십몇)×(몇)

21 십의 자리에서 올림이 있는 (몇십몇)×(몇)

22 일의 자리에서 올림이 있는 (몇십몇)×(몇)

23 십, 일의 자리에서 올림이 있는 (몇십몇)×(몇)

24 계산 Plus+

25 곱셈 평가

(몇십)×(몇)

● 20×4의 계산

(몇)×(몇)을 계산한 값에 0을 1개 붙입니다.

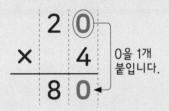

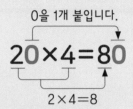

○ 계산해 보세요.

1
```
    1 0
  ×   2
```

4
```
    4 0
  ×   3
```

7
```
    7 0
  ×   6
```

2
```
    2 0
  ×   3
```

5
```
    5 0
  ×   5
```

8
```
    8 0
  ×   2
```

3
```
    3 0
  ×   2
```

6
```
    6 0
  ×   4
```

9
```
    9 0
  ×   3
```

⑩
$$\begin{array}{r} 1\ 0 \\ \times\quad 3 \\ \hline \end{array}$$

⑯
$$\begin{array}{r} 5\ 0 \\ \times\quad 3 \\ \hline \end{array}$$

㉒
$$\begin{array}{r} 7\ 0 \\ \times\quad 5 \\ \hline \end{array}$$

⑪
$$\begin{array}{r} 2\ 0 \\ \times\quad 2 \\ \hline \end{array}$$

⑰
$$\begin{array}{r} 5\ 0 \\ \times\quad 9 \\ \hline \end{array}$$

㉓
$$\begin{array}{r} 8\ 0 \\ \times\quad 3 \\ \hline \end{array}$$

⑫
$$\begin{array}{r} 2\ 0 \\ \times\quad 7 \\ \hline \end{array}$$

⑱
$$\begin{array}{r} 6\ 0 \\ \times\quad 5 \\ \hline \end{array}$$

㉔
$$\begin{array}{r} 8\ 0 \\ \times\quad 5 \\ \hline \end{array}$$

⑬
$$\begin{array}{r} 3\ 0 \\ \times\quad 3 \\ \hline \end{array}$$

⑲
$$\begin{array}{r} 6\ 0 \\ \times\quad 6 \\ \hline \end{array}$$

㉕
$$\begin{array}{r} 9\ 0 \\ \times\quad 2 \\ \hline \end{array}$$

⑭
$$\begin{array}{r} 4\ 0 \\ \times\quad 6 \\ \hline \end{array}$$

⑳
$$\begin{array}{r} 6\ 0 \\ \times\quad 9 \\ \hline \end{array}$$

㉖
$$\begin{array}{r} 9\ 0 \\ \times\quad 6 \\ \hline \end{array}$$

⑮
$$\begin{array}{r} 4\ 0 \\ \times\quad 9 \\ \hline \end{array}$$

㉑
$$\begin{array}{r} 7\ 0 \\ \times\quad 3 \\ \hline \end{array}$$

㉗
$$\begin{array}{r} 9\ 0 \\ \times\quad 8 \\ \hline \end{array}$$

○ ☐ 안에 알맞은 수를 써넣으세요.

㉘ $10 \times 4 =$ ☐

$1 \times 4 =$ ☐

㉞ $40 \times 4 =$ ☐

$4 \times 4 =$ ☐

㊵ $70 \times 2 =$ ☐

$7 \times 2 =$ ☐

㉙ $10 \times 7 =$ ☐

$1 \times 7 =$ ☐

㉟ $40 \times 7 =$ ☐

$4 \times 7 =$ ☐

㊶ $70 \times 8 =$ ☐

$7 \times 8 =$ ☐

㉚ $20 \times 3 =$ ☐

$2 \times 3 =$ ☐

㊱ $50 \times 2 =$ ☐

$5 \times 2 =$ ☐

㊷ $80 \times 6 =$ ☐

$8 \times 6 =$ ☐

㉛ $20 \times 6 =$ ☐

$2 \times 6 =$ ☐

㊲ $50 \times 6 =$ ☐

$5 \times 6 =$ ☐

㊸ $80 \times 7 =$ ☐

$8 \times 7 =$ ☐

㉜ $30 \times 4 =$ ☐

$3 \times 4 =$ ☐

㊳ $60 \times 3 =$ ☐

$6 \times 3 =$ ☐

㊹ $90 \times 4 =$ ☐

$9 \times 4 =$ ☐

㉝ $30 \times 6 =$ ☐

$3 \times 6 =$ ☐

㊴ $60 \times 8 =$ ☐

$6 \times 8 =$ ☐

㊺ $90 \times 5 =$ ☐

$9 \times 5 =$ ☐

● 계산해 보세요.

㊻ $10\times2=$

㊼ $20\times5=$

㊽ $20\times8=$

㊾ $30\times2=$

㊿ $30\times7=$

(51) $40\times2=$

(52) $40\times5=$

(53) $40\times8=$

(54) $50\times4=$

(55) $50\times7=$

(56) $60\times2=$

(57) $60\times7=$

(58) $70\times4=$

(59) $70\times7=$

(60) $70\times9=$

(61) $80\times4=$

(62) $80\times8=$

(63) $80\times9=$

(64) $90\times3=$

(65) $90\times7=$

(66) $90\times9=$

올림이 없는 (몇십몇) × (몇)

12×3의 계산

일의 자리의 곱은 일의 자리에 쓰고, 십의 자리의 곱은 십의 자리에 씁니다.

$$
\begin{array}{r}
1\ 2 \\
\times\quad 3 \\
\hline
6
\end{array}
\quad\rightarrow\quad
\begin{array}{r}
1\ 2 \\
\times\quad 3 \\
\hline
3\ 6
\end{array}
$$

2×3=6　　1×3=3

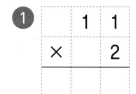 계산해 보세요.

1
$$
\begin{array}{r}
1\ 1 \\
\times\quad 2 \\
\hline
\end{array}
$$

2
$$
\begin{array}{r}
1\ 1 \\
\times\quad 5 \\
\hline
\end{array}
$$

3
$$
\begin{array}{r}
1\ 1 \\
\times\quad 8 \\
\hline
\end{array}
$$

4
$$
\begin{array}{r}
2\ 1 \\
\times\quad 2 \\
\hline
\end{array}
$$

5
$$
\begin{array}{r}
2\ 2 \\
\times\quad 3 \\
\hline
\end{array}
$$

6
$$
\begin{array}{r}
2\ 4 \\
\times\quad 2 \\
\hline
\end{array}
$$

7
$$
\begin{array}{r}
3\ 1 \\
\times\quad 2 \\
\hline
\end{array}
$$

8
$$
\begin{array}{r}
3\ 3 \\
\times\quad 3 \\
\hline
\end{array}
$$

9
$$
\begin{array}{r}
4\ 2 \\
\times\quad 2 \\
\hline
\end{array}
$$

⑩
```
    1 1
×     3
────────
```

⑯
```
    1 4
×     2
────────
```

㉒
```
    3 2
×     3
────────
```

⑪
```
    1 1
×     4
────────
```

⑰
```
    2 1
×     3
────────
```

㉓
```
    3 3
×     2
────────
```

⑫
```
    1 1
×     9
────────
```

⑱
```
    2 1
×     4
────────
```

㉔
```
    3 4
×     2
────────
```

⑬
```
    1 2
×     4
────────
```

⑲
```
    2 2
×     2
────────
```

㉕
```
    4 1
×     2
────────
```

⑭
```
    1 3
×     2
────────
```

⑳
```
    2 3
×     3
────────
```

㉖
```
    4 3
×     2
────────
```

⑮
```
    1 3
×     3
────────
```

㉑
```
    3 1
×     3
────────
```

㉗
```
    4 4
×     2
────────
```

○ **계산해 보세요.**

㉘ 11×3＝

각 자리를
맞추어 쓴 후
세로로 계산해요.

	1	1
×		3

㉙ 11×5＝

㉚ 11×7＝

㉛ 11×8＝

㉜ 12×3＝

㉝ 14×2＝

㉞ 21×4＝

㉟ 22×4＝

㊱ 23×2＝

㊲ 24×2＝

㊳ 32×3＝

㊴ 33×2＝

㊵ 33×3＝

㊶ 41×2＝

㊷ 43×2＝

88

㊸ 11×2=

㊹ 11×4=

㊺ 11×6=

㊻ 11×9=

㊼ 12×2=

㊽ 12×4=

㊾ 13×2=

㊿ 13×3=

(51) 21×2=

(52) 21×3=

(53) 22×2=

(54) 22×3=

(55) 23×3=

(56) 31×2=

(57) 31×3=

(58) 32×2=

(59) 34×2=

(60) 41×2=

(61) 42×2=

(62) 43×2=

(63) 44×2=

십의 자리에서 올림이 있는 (몇십몇) × (몇)

⬤ **31×4의 계산**

십의 자리에서 올림한 수는 백의 자리에 씁니다.

$$
\begin{array}{r}
3\ 1 \\
\times\quad 4 \\
\hline
4
\end{array}
\qquad\rightarrow\qquad
\begin{array}{r}
3\ 1 \\
\times\quad 4 \\
\hline
1\ 2\ 4
\end{array}
$$

$1×4=4$ $3×4=12$

⬤ 계산해 보세요.

❶
```
    2 1
×     6
```

❹
```
    5 2
×     4
```

❼
```
    8 1
×     3
```

❷
```
    3 2
×     4
```

❺
```
    6 3
×     3
```

❽
```
    8 3
×     2
```

❸
```
    4 1
×     7
```

❻
```
    7 2
×     3
```

❾
```
    9 4
×     2
```

⑩
```
    2 1
×     9
─────────
```

⑯
```
    5 1
×     5
─────────
```

㉒
```
    6 3
×     2
─────────
```

⑪
```
    3 1
×     6
─────────
```

⑰
```
    5 2
×     3
─────────
```

㉓
```
    7 1
×     2
─────────
```

⑫
```
    3 1
×     7
─────────
```

⑱
```
    5 4
×     2
─────────
```

㉔
```
    7 1
×     6
─────────
```

⑬
```
    4 1
×     5
─────────
```

⑲
```
    6 1
×     3
─────────
```

㉕
```
    8 1
×     5
─────────
```

⑭
```
    4 1
×     8
─────────
```

⑳
```
    6 1
×     4
─────────
```

㉖
```
    8 1
×     6
─────────
```

⑮
```
    4 2
×     3
─────────
```

㉑
```
    6 2
×     2
─────────
```

㉗
```
    9 3
×     3
─────────
```

○ 계산해 보세요.

28 21 × 5 =

33 51 × 4 =

38 74 × 2 =

29 21 × 8 =

34 51 × 7 =

39 81 × 8 =

30 31 × 9 =

35 61 × 6 =

40 82 × 4 =

31 41 × 3 =

36 62 × 3 =

41 91 × 3 =

32 42 × 4 =

37 71 × 4 =

42 92 × 4 =

㊸ $21\times7=$

㊹ $31\times5=$

㊺ $31\times8=$

㊻ $41\times4=$

㊼ $41\times6=$

㊽ $41\times9=$

㊾ $43\times3=$

㊿ $51\times3=$

(51) $53\times2=$

(52) $61\times7=$

(53) $61\times8=$

(54) $64\times2=$

(55) $71\times5=$

(56) $72\times2=$

(57) $73\times2=$

(58) $81\times7=$

(59) $82\times3=$

(60) $91\times5=$

(61) $91\times8=$

(62) $92\times3=$

(63) $93\times2=$

일의 자리에서 올림이 있는 (몇십몇)×(몇)

◖◗ **17×2의 계산**

일의 자리에서 올림한 수는 십의 자리의 곱에 더합니다.

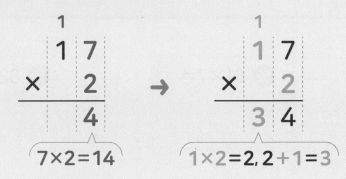

○ 계산해 보세요.

1

```
    1 2
  ×   5
```

2

```
    1 3
  ×   4
```

3

```
    1 4
  ×   6
```

4

```
    1 6
  ×   3
```

5

```
    1 8
  ×   5
```

6

```
    2 4
  ×   3
```

7

```
    2 5
  ×   2
```

8

```
    2 7
  ×   3
```

9

```
    4 7
  ×   2
```

⑩
```
    1  2
×      8
─────────
```

⑯
```
    1  9
×      2
─────────
```

㉒
```
    2  9
×      2
─────────
```

⑪
```
    1  4
×      5
─────────
```

⑰
```
    1  9
×      5
─────────
```

㉓
```
    2  9
×      3
─────────
```

⑫
```
    1  5
×      3
─────────
```

⑱
```
    2  3
×      4
─────────
```

㉔
```
    3  7
×      2
─────────
```

⑬
```
    1  6
×      6
─────────
```

⑲
```
    2  5
×      3
─────────
```

㉕
```
    3  8
×      2
─────────
```

⑭
```
    1  7
×      4
─────────
```

⑳
```
    2  6
×      2
─────────
```

㉖
```
    4  5
×      2
─────────
```

⑮
```
    1  8
×      3
─────────
```

㉑
```
    2  8
×      3
─────────
```

㉗
```
    4  9
×      2
─────────
```

● 계산해 보세요.

㉘ 12 × 6 =

㉝ 17 × 2 =

㊳ 28 × 2 =

㉙ 13 × 7 =

㉞ 17 × 5 =

㊴ 35 × 2 =

㉚ 14 × 4 =

㉟ 18 × 4 =

㊵ 36 × 2 =

㉛ 15 × 2 =

㊱ 19 × 4 =

㊶ 39 × 2 =

㉜ 16 × 4 =

㊲ 25 × 2 =

㊷ 48 × 2 =

43 $12 \times 7 =$

44 $13 \times 5 =$

45 $13 \times 6 =$

46 $14 \times 3 =$

47 $14 \times 7 =$

48 $15 \times 4 =$

49 $15 \times 5 =$

50 $15 \times 6 =$

51 $16 \times 2 =$

52 $16 \times 5 =$

53 $17 \times 3 =$

54 $18 \times 2 =$

55 $19 \times 3 =$

56 $24 \times 3 =$

57 $24 \times 4 =$

58 $26 \times 3 =$

59 $27 \times 2 =$

60 $27 \times 3 =$

61 $28 \times 3 =$

62 $37 \times 2 =$

63 $46 \times 2 =$

23 십, 일의 자리에서 올림이 있는 (몇십몇) × (몇)

● **36×4의 계산**

일의 자리에서 올림한 수는 십의 자리의 곱에 더하고,
십의 자리에서 올림한 수는 백의 자리에 씁니다.

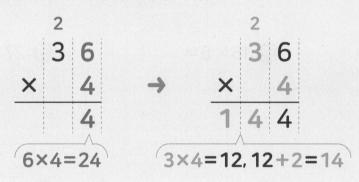

○ 계산해 보세요.

1

```
    1 4
×     9
─────────
```

2

```
    1 7
×     6
─────────
```

3

```
    2 3
×     8
─────────
```

4

```
    2 8
×     5
─────────
```

5

```
    3 5
×     3
─────────
```

6

```
    4 3
×     4
─────────
```

7

```
    5 3
×     9
─────────
```

8

```
    6 3
×     4
─────────
```

9

```
    7 4
×     8
─────────
```

⑩
```
    1 7
×     8
───────
```

⑪
```
    2 4
×     5
───────
```

⑫
```
    3 2
×     6
───────
```

⑬
```
    3 6
×     5
───────
```

⑭
```
    4 5
×     4
───────
```

⑮
```
    4 7
×     3
───────
```

⑯
```
    4 9
×     3
───────
```

⑰
```
    5 5
×     8
───────
```

⑱
```
    6 4
×     4
───────
```

⑲
```
    7 2
×     5
───────
```

⑳
```
    7 6
×     6
───────
```

㉑
```
    7 8
×     4
───────
```

㉒
```
    8 3
×     4
───────
```

㉓
```
    8 5
×     6
───────
```

㉔
```
    8 8
×     5
───────
```

㉕
```
    9 3
×     4
───────
```

㉖
```
    9 5
×     2
───────
```

㉗
```
    9 9
×     3
───────
```

○ 계산해 보세요.

㉘ 17×7＝

㉝ 34×8＝

㊳ 59×2＝

㉙ 18×9＝

㉞ 35×5＝

㊴ 67×3＝

㉚ 23×5＝

㉟ 44×3＝

㊵ 69×6＝

㉛ 27×6＝

㊱ 49×4＝

㊶ 76×3＝

㉜ 29×8＝

㊲ 55×9＝

㊷ 82×6＝

43 16×9=

44 19×8=

45 24×6=

46 26×7=

47 27×8=

48 32×9=

49 34×5=

50 38×8=

51 42×5=

52 44×8=

53 54×3=

54 57×5=

55 63×7=

56 68×4=

57 73×6=

58 77×7=

59 82×8=

60 85×3=

61 92×7=

62 93×5=

63 97×6=

24 계산 Plus+

(몇십) × (몇), (몇십몇) × (몇)

○ 빈칸에 알맞은 수를 써넣으세요.

1

×2

30 → ☐

└ 30×2를
계산해요.

2

×3

50 → ☐

3

×2

13 → ☐

4

×4

17 → ☐

5

×5

19 → ☐

6

×3

61 → ☐

7

×6

25 → ☐

8

×9

46 → ☐

9 10 → ×5 → ⬚
└ 10×5를
계산해요.

15 71 → ×6 → ⬚

10 60 → ×7 → ⬚

16 13 → ×4 → ⬚

11 11 → ×4 → ⬚

17 27 → ×3 → ⬚

12 32 → ×3 → ⬚

18 56 → ×7 → ⬚

13 42 → ×2 → ⬚

19 84 → ×5 → ⬚

14 31 → ×5 → ⬚

20 93 → ×8 → ⬚

○ 사다리를 타고 내려가서 도착한 곳에 계산 결과를 써넣으세요. (단, 사다리 타기는 사다리를 따라 내려가다가 가로로 놓인 선을 만날 때마다 가로선을 따라 꺾어서 맨 아래까지 내려가는 놀이입니다.)

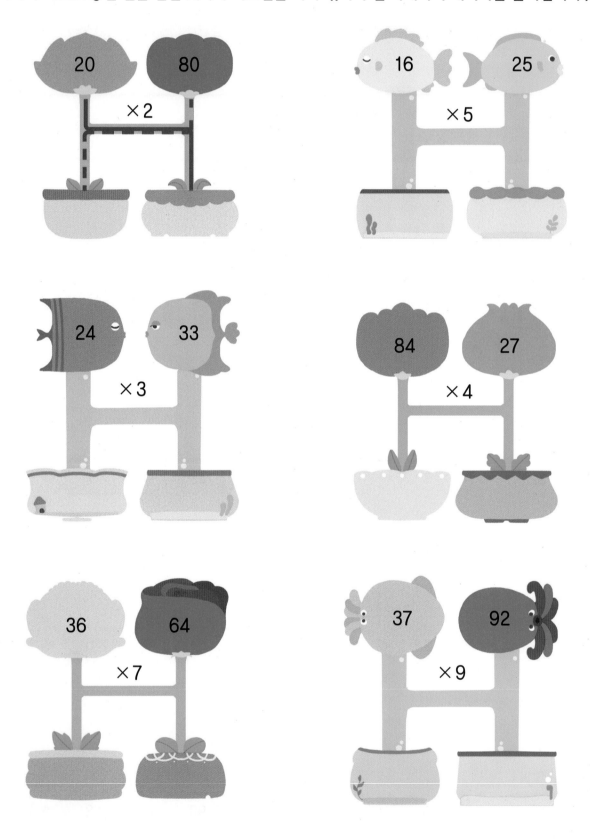

◎ 교실에서 나가기 위해서는 비밀번호가 필요합니다.

☐ 안에 알맞은 수를 구해 비밀번호를 찾아보세요.

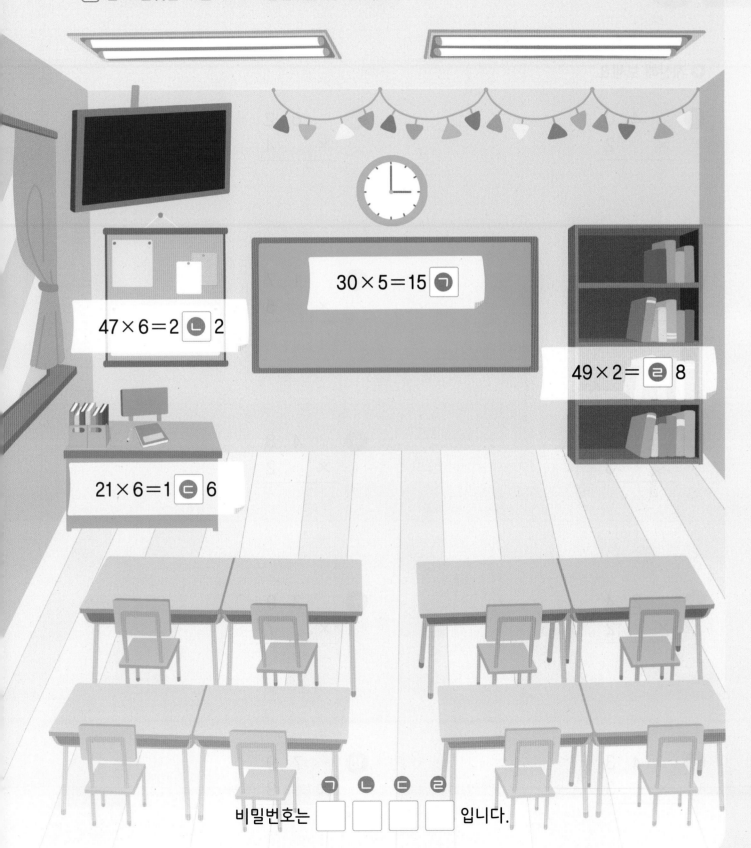

$30 \times 5 = 15$ ㉠

$47 \times 6 = 2$ ㉡ 2

$49 \times 2 =$ ㉣ 8

$21 \times 6 = 1$ ㉢ 6

㉠ ㉡ ㉢ ㉣

비밀번호는 ☐ ☐ ☐ ☐ 입니다.

25 곱셈 평가

◯ 계산해 보세요.

①
```
   4 0
 ×   2
```

②
```
   9 0
 ×   7
```

③
```
   1 3
 ×   3
```

④
```
   2 4
 ×   2
```

⑤
```
   4 3
 ×   3
```

⑥
```
   5 2
 ×   4
```

⑦
```
   1 7
 ×   5
```

⑧
```
   4 8
 ×   2
```

⑨
```
   3 9
 ×   7
```

⑩
```
   7 9
 ×   8
```

⑪ 80 × 3 =

⑫ 31 × 2 =

⑬ 81 × 5 =

⑭ 15 × 4 =

⑮ 54 × 6 =

⑯ 78 × 2 =

○ 빈칸에 알맞은 수를 써넣으세요.

⑰
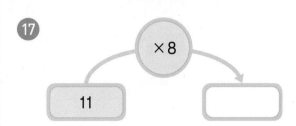

⑱
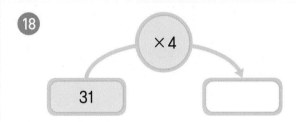

⑲
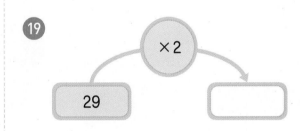

⑳
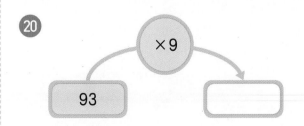

5 길이·시간 단위의 합과 차

26 1 cm와 1 mm의 관계, 1 km와 1 m의 관계

27 cm와 mm가 있는 길이의 합과 차

28 km와 m가 있는 길이의 합과 차

29 계산 Plus+

30 시간을 분과 초로 나타내기

31 시간의 합

32 시간의 차

33 계산 Plus+

34 길이·시간 단위의 합과 차 평가

26 | cm와 | mm의 관계, | km와 | m의 관계

- **1 mm(1 밀리미터)**

  1 cm를 10칸으로 똑같이 나누었을 때 작은 눈금 한 칸의 길이

  > **1 cm=10 mm**

- **2 cm 7 mm를 '몇 mm'로 나타내기**

  └ 2 센티미터 7 밀리미터로 읽습니다.

  2 cm 7 mm=20 mm+7 mm
  =27 mm

- **1 km(1 킬로미터)**

  1000 m와 같은 길이

  > **1 km=1000 m**

- **2 km 400 m를 '몇 m'로 나타내기**

  └ 2 킬로미터 400 미터로 읽습니다.

  2 km 400 m=2000 m+400 m
  =2400 m

○ ☐ 안에 알맞은 수를 써넣으세요.

1 1 cm = ☐ mm

2 5 cm = ☐ mm

3 20 cm = ☐ mm

4 35 cm = ☐ mm

5 30 mm = ☐ cm

6 40 mm = ☐ cm

7 100 mm = ☐ cm

8 250 mm = ☐ cm

9 1 cm 5 mm = ☐ mm

10 2 cm 9 mm = ☐ mm

11 7 cm 1 mm = ☐ mm

12 9 cm 4 mm = ☐ mm

13 37 cm 6 mm = ☐ mm

14 68 cm 3 mm = ☐ mm

15 80 cm 2 mm = ☐ mm

16 18 mm = ☐ cm ☐ mm

17 29 mm = ☐ cm ☐ mm

18 63 mm = ☐ cm ☐ mm

19 85 mm = ☐ cm ☐ mm

20 483 mm = ☐ cm ☐ mm

21 704 mm = ☐ cm ☐ mm

22 848 mm = ☐ cm ☐ mm

○ ☐ 안에 알맞은 수를 써넣으세요.

㉓ 2 km = ☐ m ─ 1 km=1000 m임을 이용해요.

㉚ 3000 m = ☐ km

㉔ 4 km = ☐ m

㉛ 5000 m = ☐ km

㉕ 7 km = ☐ m

㉜ 9000 m = ☐ km

㉖ 10 km = ☐ m

㉝ 12000 m = ☐ km

㉗ 25 km = ☐ m

㉞ 19000 m = ☐ km

㉘ 38 km = ☐ m

㉟ 26000 m = ☐ km

㉙ 52 km = ☐ m

㊱ 38000 m = ☐ km

정답 22쪽

③⑦ 1 km 500 m = ☐ m

③⑧ 3 km 560 m = ☐ m

③⑨ 5 km 70 m = ☐ m

④⓪ 7 km 7 m = ☐ m

④① 10 km 400 m = ☐ m

④② 15 km 80 m = ☐ m

④③ 20 km 200 m = ☐ m

④④ 2600 m = ☐ km ☐ m

④⑤ 4370 m = ☐ km ☐ m

④⑥ 8025 m = ☐ km ☐ m

④⑦ 9150 m = ☐ km ☐ m

④⑧ 19050 m = ☐ km ☐ m

④⑨ 20148 m = ☐ km ☐ m

⑤⓪ 48902 m = ☐ km ☐ m

cm와 mm가 있는 길이의 합과 차

- cm는 cm끼리, mm는 mm끼리 계산합니다.
- mm끼리의 **합이 10**이거나 **10보다 크면 10 mm를 1 cm로 받아올림**합니다.
- mm끼리 **뺄 수 없으면 1 cm를 10 mm로 받아내림**합니다.

```
         1
      2 cm  6 mm              4   10
  +   1 cm  7 mm            5̸ cm  2 mm
  ──────────────        −   2 cm  8 mm
      4 cm  3 mm            ──────────────
                             2 cm  4 mm
```

○ 계산해 보세요.

1
```
      1 cm   3 mm
  +   2 cm   5 mm
  ─────────────────
     □ cm   □ mm
```

4
```
      3 cm   8 mm
  −   1 cm   7 mm
  ─────────────────
     □ cm   □ mm
```

2
```
      5 cm   2 mm
  +   2 cm   4 mm
  ─────────────────
     □ cm   □ mm
```

5
```
      4 cm   9 mm
  −   2 cm   3 mm
  ─────────────────
     □ cm   □ mm
```

3
```
      8 cm   1 mm
  +   1 cm   5 mm
  ─────────────────
     □ cm   □ mm
```

6
```
      9 cm   9 mm
  −   2 cm   7 mm
  ─────────────────
     □ cm   □ mm
```

⑦
   2 cm   5 mm
+ 3 cm   6 mm
= ☐ cm ☐ mm

⑬
   3 cm   8 mm
− 1 cm   9 mm
= ☐ cm ☐ mm

⑧
   3 cm   8 mm
+ 2 cm   4 mm
= ☐ cm ☐ mm

⑭
   4 cm   3 mm
− 1 cm   8 mm
= ☐ cm ☐ mm

⑨
   4 cm   6 mm
+ 2 cm   6 mm
= ☐ cm ☐ mm

⑮
   5 cm   2 mm
− 3 cm   4 mm
= ☐ cm ☐ mm

⑩
   5 cm   3 mm
+ 2 cm   8 mm
= ☐ cm ☐ mm

⑯
   7 cm   4 mm
− 5 cm   7 mm
= ☐ cm ☐ mm

⑪
   6 cm   4 mm
+ 1 cm   7 mm
= ☐ cm ☐ mm

⑰
   8 cm   1 mm
− 2 cm   5 mm
= ☐ cm ☐ mm

⑫
   7 cm   3 mm
+ 1 cm   9 mm
= ☐ cm ☐ mm

⑱
   9 cm   2 mm
− 4 cm   8 mm
= ☐ cm ☐ mm

○ 계산해 보세요.

19   2 cm   1 mm
 +   3 cm   5 mm

20   3 cm   6 mm
 +   5 cm   2 mm

21   4 cm   7 mm
 +   2 cm   8 mm

22   6 cm   4 mm
 +   3 cm   9 mm

23   7 cm   5 mm
 +   4 cm   6 mm

24   9 cm   3 mm
 +   6 cm   8 mm

25   3 cm   5 mm
 −   1 cm   4 mm

26   4 cm   6 mm
 −   2 cm   3 mm

27   5 cm   5 mm
 −   2 cm   7 mm

28   7 cm   2 mm
 −   1 cm   4 mm

29   9 cm   1 mm
 −   2 cm   3 mm

30   11 cm
 −   4 cm   7 mm

31 2 cm 3 mm＋6 cm 2 mm
   ＝

32 3 cm 2 mm＋5 cm 4 mm
   ＝

33 4 cm 6 mm＋1 cm 8 mm
   ＝

34 6 cm 8 mm＋6 cm 8 mm
   ＝

35 8 cm 4 mm＋3 cm 9 mm
   ＝

36 9 cm 7 mm＋5 cm 4 mm
   ＝

37 10 cm 8 mm＋3 cm 5 mm
   ＝

38 4 cm 7 mm－2 cm 5 mm
   ＝

39 5 cm 8 mm－3 cm 5 mm
   ＝

40 6 cm 1 mm－2 cm 7 mm
   ＝

41 8 cm 2 mm－6 cm 5 mm
   ＝

42 10 cm－5 cm 4 mm
   ＝

43 12 cm 5 mm－4 cm 9 mm
   ＝

44 13 cm 2 mm－8 cm 7 mm
   ＝

km와 m가 있는 길이의 합과 차

- km는 km끼리, m는 m끼리 계산합니다.
- m끼리의 합이 1000이거나 1000보다 크면 1000 m를 1 km로 받아올림합니다.
- m끼리 뺄 수 없으면 1 km를 1000 m로 받아내림합니다.

	1					2	1000	
		3 km	500 m				3̸ km	200 m
+		1 km	700 m		−		1 km	400 m
		5 km	200 m				1 km	800 m

○ 계산해 보세요.

①
```
    2  km   300   m
 +  3  km   100   m
 ┌────┐ km ┌────┐ m
 └────┘    └────┘
```

④
```
    3  km   700   m
 −  1  km   300   m
 ┌────┐ km ┌────┐ m
 └────┘    └────┘
```

②
```
    4  km   500   m
 +  1  km   150   m
 ┌────┐ km ┌────┐ m
 └────┘    └────┘
```

⑤
```
    5  km   830   m
 −  1  km   700   m
 ┌────┐ km ┌────┐ m
 └────┘    └────┘
```

③
```
    6  km   350   m
 +  3  km   200   m
 ┌────┐ km ┌────┐ m
 └────┘    └────┘
```

⑥
```
    7  km   790   m
 −  3  km   250   m
 ┌────┐ km ┌────┐ m
 └────┘    └────┘
```

⑦

	km		m
1	km	400	m
+ 3	km	700	m
☐	km	☐	m

⑧

	km		m
2	km	800	m
+ 4	km	500	m
☐	km	☐	m

⑨

	km		m
3	km	550	m
+ 5	km	600	m
☐	km	☐	m

⑩

	km		m
6	km	850	m
+ 1	km	350	m
☐	km	☐	m

⑪

	km		m
9	km	950	m
+ 4	km	300	m
☐	km	☐	m

⑫

	km		m
12	km	570	m
+ 6	km	800	m
☐	km	☐	m

⑬

	km		m
3	km	400	m
− 1	km	700	m
☐	km	☐	m

⑭

	km		m
4	km	600	m
− 2	km	800	m
☐	km	☐	m

⑮

	km		m
5	km	300	m
− 3	km	400	m
☐	km	☐	m

⑯

	km		m
7	km	250	m
− 5	km	400	m
☐	km	☐	m

⑰

	km		m
9	km	50	m
− 3	km	750	m
☐	km	☐	m

⑱

	km		m
14	km	90	m
− 8	km	500	m
☐	km	☐	m

○ 계산해 보세요.

19   2 km   100 m
   +   3 km   700 m
   _____

20   4 km   600 m
   +   7 km   200 m
   _____

21   5 km   400 m
   +   1 km   850 m
   _____

22   7 km   750 m
   +   4 km   250 m
   _____

23   9 km   800 m
   +   5 km   270 m
   _____

24   10 km   340 m
   +   8 km   670 m
   _____

25   4 km   300 m
   −   2 km   250 m
   _____

26   6 km   150 m
   −   2 km   70 m
   _____

27   3 km   200 m
   −   1 km   500 m
   _____

28   6 km   800 m
   −   4 km   900 m
   _____

29   8 km   150 m
   −   3 km   600 m
   _____

30   12 km
   −   6 km   350 m
   _____

③ 1 km 500 m＋2 km 300 m
=

③ 2 km 200 m＋3 km 400 m
=

③ 3 km 700 m＋2 km 600 m
=

③ 4 km 500 m＋6 km 500 m
=

③ 5 km 400 m＋3 km 850 m
=

③ 6 km 950 m＋7 km 180 m
=

③ 9 km 75 m＋11 km 940 m
=

③ 2 km 900 m－1 km 600 m
=

③ 3 km 500 m－2 km 350 m
=

④ 4 km 300 m－2 km 550 m
=

④ 5 km 50 m－3 km 500 m
=

④ 7 km 100 m－3 km 930 m
=

④ 8 km 190 m－2 km 560 m
=

④ 15 km－9 km 470 m
=

29 계산 Plus+

길이의 합과 차

○ 빈칸에 알맞은 길이를 써넣으세요.

1

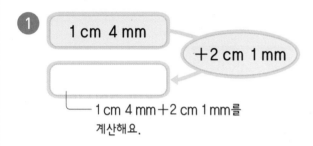

1 cm 4 mm

+2 cm 1 mm

└─ 1 cm 4 mm+2 cm 1 mm를
　　계산해요.

5

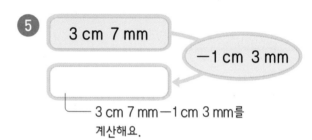

3 cm 7 mm

−1 cm 3 mm

└─ 3 cm 7 mm−1 cm 3 mm를
　　계산해요.

2

2 cm 9 mm

+3 cm 2 mm

6

5 cm 2 mm

−2 cm 7 mm

3

4 cm 7 mm

+2 cm 5 mm

7

8 cm 4 mm

−6 cm 8 mm

4

6 cm 4 mm

+7 cm 6 mm

8

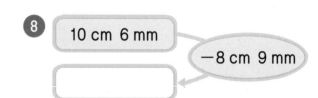

10 cm 6 mm

−8 cm 9 mm

9
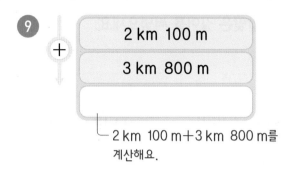

+ 2 km 100 m
  3 km 800 m

└ 2 km 100 m+3 km 800 m를 계산해요.

13

− 3 km 900 m
  1 km 600 m

└ 3 km 900 m−1 km 600 m를 계산해요.

10

+ 3 km 500 m
  4 km 700 m

14

− 6 km 200 m
  2 km 300 m

11

+ 6 km 350 m
  7 km 800 m

15

− 8 km 100 m
  5 km 860 m

12

+ 8 km 140 m
  5 km 950 m

16

− 9 km 270 m
  7 km 910 m

● 길이의 합 또는 차를 구하여 선을 따라 내려가 만나는 빈칸에 알맞은 길이를 써넣으세요.

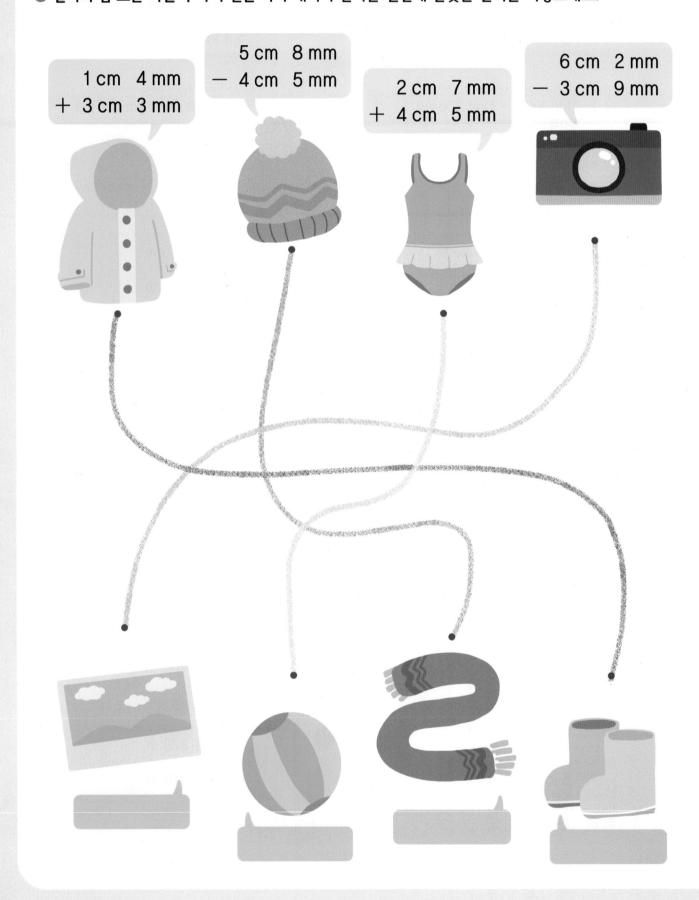

1 cm 4 mm
+ 3 cm 3 mm

5 cm 8 mm
− 4 cm 5 mm

2 cm 7 mm
+ 4 cm 5 mm

6 cm 2 mm
− 3 cm 9 mm

○ 우빈이는 계산 결과가 바르게 적힌 돌만 밟아 강의 건너편으로 건너가려고 합니다.
우빈이가 밟고 지나가는 돌을 모두 찾아 색칠해 보세요.

7 km 300 m＋2 km 300 m
＝9 km 600 m

4 km 750 m＋5 km 100 m
＝9 km 950 m

7 km 300 m－4 km 150 m
＝3 km 150 m

5 km 450 m－1 km 50 m
＝4 km 40 m

9 km 250 m－6 km 800 m
＝2 km 450 m

8 km 900 m－5 km 800 m
＝2 km 100 m

8 km 640 m＋5 km 370 m
＝14 km 10 m

시간을 분과 초로 나타내기

- **1초**: 초바늘이 작은 눈금 한 칸을 가는 동안 걸리는 시간

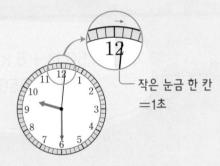

작은 눈금 한 칸 =1초

- **60초**: 초바늘이 시계를 한 바퀴 도는 데 걸리는 시간

1분=60초

- **'몇 분 몇 초'와 '몇 초'로 나타내기**

2분 10초=120초+10초=130초, 100초=60초+40초=1분 40초

◎ ☐ 안에 알맞은 수를 써넣으세요.

① 1분= ☐ 초

② 4분= ☐ 초

③ 6분= ☐ 초

④ 7분= ☐ 초

⑤ 10분= ☐ 초

⑥ 12분= ☐ 초

⑦ 1분 5초 = [　　] 초

⑧ 1분 51초 = [　　] 초

⑨ 2분 30초 = [　　] 초

⑩ 3분 15초 = [　　] 초

⑪ 3분 43초 = [　　] 초

⑫ 4분 20초 = [　　] 초

⑬ 5분 40초 = [　　] 초

⑭ 6분 56초 = [　　] 초

⑮ 7분 5초 = [　　] 초

⑯ 7분 27초 = [　　] 초

⑰ 8분 33초 = [　　] 초

⑱ 8분 58초 = [　　] 초

⑲ 9분 25초 = [　　] 초

⑳ 9분 32초 = [　　] 초

○ ☐ 안에 알맞은 수를 써넣으세요.

㉑ 60초 = ☐ 분

㉒ 120초 = ☐ 분

㉓ 180초 = ☐ 분

㉔ 300초 = ☐ 분

㉕ 360초 = ☐ 분

㉖ 480초 = ☐ 분

㉗ 540초 = ☐ 분

㉘ 660초 = ☐ 분

㉙ 780초 = ☐ 분

㉚ 840초 = ☐ 분

㉛ 900초 = ☐ 분

㉜ 1020초 = ☐ 분

㉝ 1140초 = ☐ 분

㉞ 1200초 = ☐ 분

㉟ 70초 = ☐ 분 ☐ 초

㊷ 259초 = ☐ 분 ☐ 초

㊱ 93초 = ☐ 분 ☐ 초

㊸ 305초 = ☐ 분 ☐ 초

㊲ 105초 = ☐ 분 ☐ 초

㊹ 357초 = ☐ 분 ☐ 초

㊳ 142초 = ☐ 분 ☐ 초

㊺ 385초 = ☐ 분 ☐ 초

㊴ 195초 = ☐ 분 ☐ 초

㊻ 402초 = ☐ 분 ☐ 초

㊵ 200초 = ☐ 분 ☐ 초

㊼ 455초 = ☐ 분 ☐ 초

㊶ 247초 = ☐ 분 ☐ 초

㊽ 479초 = ☐ 분 ☐ 초

31 시간의 합

- 시는 시끼리, 분은 분끼리, 초는 초끼리 더합니다.
- 같은 단위 수끼리의 합이 60이거나 60보다 크면
  60초를 1분으로, 60분을 1시간으로 받아올림합니다.

$$
\begin{array}{r}
\;\;\overset{1}{2}시 \quad \overset{1}{40}분 \quad 30초 \\
+\;\;1시간 \quad 25분 \quad 45초 \\
\hline
4시 \quad 6분 \quad 15초
\end{array}
$$

참고 (시간)+(시간)=(시간), (시각)+(시간)=(시각)

○ **계산해 보세요.**

1
```
    2 분   15 초
+   6 분   30 초
─────────────────
  □ 분   □ 초
```

4
```
    5 시   48 분
+          10 분   34 초
─────────────────────────
  □ 시   □ 분   □ 초
```

2
```
    2 시간   45 분
+   3 시간    5 분
─────────────────────
  □ 시간   □ 분
```

5
```
    6 시간   39 분   10 초
+   1 시간   14 분   27 초
─────────────────────────────
  □ 시간   □ 분   □ 초
```

3
```
    4 시   35 분
+   2 시간   20 분
─────────────────────
  □ 시   □ 분
```

6
```
    8 시    7 분   48 초
+   2 시간   35 분   10 초
─────────────────────────────
  □ 시   □ 분   □ 초
```

⑦
```
      1  분    26  초
  +  15  분    35  초
  ┌──────┐  ┌──────┐
  │      │분│      │초
  └──────┘  └──────┘
```

⑬
```
      1  시    17  분
  +          48  분    32  초
  ┌──────┐  ┌──────┐  ┌──────┐
  │      │시│      │분│      │초
  └──────┘  └──────┘  └──────┘
```

⑧
```
      2  시간   45  분
  +              37  분
  ┌──────┐  ┌──────┐
  │      │시간│      │분
  └──────┘  └──────┘
```

⑭
```
      3  시    25  분
  +          55  분    42  초
  ┌──────┐  ┌──────┐  ┌──────┐
  │      │시│      │분│      │초
  └──────┘  └──────┘  └──────┘
```

⑨
```
      4  시간   35  분
  +              50  분
  ┌──────┐  ┌──────┐
  │      │시간│      │분
  └──────┘  └──────┘
```

⑮
```
      4  시간   45  분    34  초
  +   3  시간   22  분    53  초
  ┌──────┐  ┌──────┐  ┌──────┐
  │      │시간│      │분│      │초
  └──────┘  └──────┘  └──────┘
```

⑩
```
      6  시간   29  분
  +   2  시간   45  분
  ┌──────┐  ┌──────┐
  │      │시간│      │분
  └──────┘  └──────┘
```

⑯
```
      5  시간   54  분    20  초
  +   2  시간   26  분    46  초
  ┌──────┐  ┌──────┐  ┌──────┐
  │      │시간│      │분│      │초
  └──────┘  └──────┘  └──────┘
```

⑪
```
      8  시    55  분
  +   3  시간   35  분
  ┌──────┐  ┌──────┐
  │      │시│      │분
  └──────┘  └──────┘
```

⑰
```
      7  시    15  분    56  초
  +   1  시간   28  분    15  초
  ┌──────┐  ┌──────┐  ┌──────┐
  │      │시│      │분│      │초
  └──────┘  └──────┘  └──────┘
```

⑫
```
     10  시    54  분
  +   1  시간   40  분
  ┌──────┐  ┌──────┐
  │      │시│      │분
  └──────┘  └──────┘
```

⑱
```
      8  시    37  분    49  초
  +   3  시간   52  분    24  초
  ┌──────┐  ┌──────┐  ┌──────┐
  │      │시│      │분│      │초
  └──────┘  └──────┘  └──────┘
```

○ 계산해 보세요.

19
```
    12 분   25 초
+    5 분   15 초
```

25
```
   1 시간    9 분   10 초
+  5 시간    5 분   43 초
```

20
```
   25 분   40 초
+   2 분   35 초
```

26
```
   3 시간   16 분   37 초
+  1 시간   25 분   45 초
```

21
```
   37 분   35 초
+  15 분   50 초
```

27
```
   5 시간   17 분   22 초
+  4 시간   58 분   49 초
```

22
```
    2 시   10 분   20 초
+           6 분    5 초
```

28
```
   6 시    25 분   16 초
+  1 시간  20 분   42 초
```

23
```
    4 시   19 분   38 초
+          48 분   45 초
```

29
```
   7 시    15 분   38 초
+  2 시간  43 분   25 초
```

24
```
    7 시   44 분   40 초
+          33 분   29 초
```

30
```
   8 시    30 분   18 초
+  3 시간  34 분   49 초
```

31 8분 20초＋2분 20초
   =

32 12분 30초＋8분 45초
   =

33 23분 45초＋16분 37초
   =

34 3시 10분＋30분 20초
   =

35 5시 24분＋52분 11초
   =

36 7시 13분＋49분 39초
   =

37 10시 25분＋52분 18초
   =

38 2시 40분 5초＋17분 45초
   =

39 4시 51분 25초＋23분 48초
   =

40 3시간 13분 13초＋8시간 34분 10초
   =

41 6시간 32분 42초＋2시간 46분 29초
   =

42 5시 24분 25초＋2시간 9분 20초
   =

43 8시 34분 28초＋3시간 48분 52초
   =

44 9시 15분 43초＋1시간 53분 28초
   =

32 시간의 차

- 시는 시끼리, 분은 분끼리, 초는 초끼리 뺍니다.
- 같은 단위끼리 뺄 수 없으면 **1분을 60초**로, **1시간을 60분**으로 받아내림합니다.

$$\begin{array}{r} \overset{3}{\cancel{4}}\text{시} \quad \overset{\overset{60}{10}}{\cancel{11}}\text{분} \quad 21\text{초} \\ - \quad 2\text{시간} \quad 15\text{분} \quad 37\text{초} \\ \hline 1\text{시} \quad 55\text{분} \quad 44\text{초} \end{array}$$

참고 (시간)−(시간)=(시간), (시각)−(시간)=(시각), (시각)−(시각)=(시간)

○ 계산해 보세요.

1
```
    8 분    40 초
 −  5 분    10 초
 ────────────────
   □ 분    □ 초
```

4
```
    9 시    21 분    15 초
 −          17 분     5 초
 ────────────────────────
   □ 시    □ 분    □ 초
```

2
```
    6 시간    35 분
 −  1 시간    20 분
 ────────────────
   □ 시간   □ 분
```

5
```
    7 시간    49 분    28 초
 −  2 시간    24 분    10 초
 ────────────────────────
   □ 시간   □ 분    □ 초
```

3
```
   10 시    56 분
 −  4 시    28 분
 ────────────────
   □ 시간   □ 분
```

6
```
   11 시    41 분    37 초
 −  3 시    15 분    20 초
 ────────────────────────
   □ 시간   □ 분    □ 초
```

⑦　　11 분　20 초
　−　　3 분　50 초
　　　　□ 분　□ 초

⑧　　5 시간　13 분
　−　　　　　48 분
　　　　□ 시간　□ 분

⑨　　9 시간　15 분
　−　　　　　56 분
　　　　□ 시간　□ 분

⑩　　4 시간　31 분
　−　1 시간　52 분
　　　　□ 시간　□ 분

⑪　　7 시　16 분
　−　2 시간　23 분
　　　　□ 시　□ 분

⑫　　9 시　22 분
　−　6 시　35 분
　　　　□ 시간　□ 분

⑬　　2 시　12 분　10 초
　−　　　　40 분　30 초
　　　□ 시　□ 분　□ 초

⑭　　5 시　31 분　25 초
　−　　　　49 분　55 초
　　　□ 시　□ 분　□ 초

⑮　　6 시간　18 분　42 초
　−　1 시간　30 분　33 초
　　　□ 시간　□ 분　□ 초

⑯　　8 시간　22 분　15 초
　−　2 시간　45 분　38 초
　　　□ 시간　□ 분　□ 초

⑰　　9 시　32 분　36 초
　−　5 시간　55 분　17 초
　　　□ 시　□ 분　□ 초

⑱　　12 시　24 분　14 초
　−　4 시　34 분　19 초
　　　□ 시간　□ 분　□ 초

○ 계산해 보세요.

19
    15 분   34 초
−   9 분   14 초

20
    25 분   30 초
− 16 분   52 초

21
   5 시간   35 분   57 초
−   30 분   27 초

22
   7 시간   16 분   15 초
−   43 분   20 초

23
   4 시   47 분   23 초
−   10 분   45 초

24
  11 시   12 분   10 초
−   36 분   29 초

25
   3 시간   58 분   45 초
− 1 시간   36 분   39 초

26
   7 시간   13 분   41 초
− 3 시간   25 분   46 초

27
   6 시   48 분   55 초
− 2 시간   24 분   32 초

28
   8 시   30 분   29 초
− 1 시간   51 분   43 초

29
   9 시   53 분   50 초
− 7 시   46 분   31 초

30
  12 시   25 분   18 초
− 5 시   45 분   37 초

③¹ 12분 45초 − 11분 39초
=

③² 20분 28초 − 15분 45초
=

③³ 51분 29초 − 14분 39초
=

③⁴ 1시간 52분 11초 − 13분 35초
=

③⁵ 3시간 23분 18초 − 40분 25초
=

③⁶ 7시 35분 5초 − 53분 30초
=

③⁷ 8시 39분 17초 − 56분 22초
=

③⁸ 6시간 29분 20초 − 3시간 25분 10초
=

③⁹ 11시간 10분 40초 − 3시간 35분 46초
=

④⁰ 7시 30분 50초 − 1시간 15분 45초
=

④¹ 10시 40분 5초 − 4시간 50분 20초
=

④² 9시 46분 27초 − 5시 45분 13초
=

④³ 5시 24분 25초 − 2시 36분 55초
=

④⁴ 12시 15분 31초 − 1시 23분 43초
=

계산 Plus+

시간의 합과 차

○ 빈칸에 알맞은 시간이나 시각을 써넣으세요.

1

$+18$분 47초

9분 26초 　[　　　]

9분 26초$+18$분 47초를
계산해요.

5

-17분 15초

35분 30초 　[　　　]

35분 30초-17분 15초를
계산해요.

2

$+44$분 36초

2시 25분 　[　　　]

6

-50분 24초

6시 37분 　[　　　]

3

$+3$시간 38분 45초

4시간 28분 45초 　[　　　]

7

-3시간 27분 5초

9시 40분 20초 　[　　　]

4

$+2$시간 49분 10초

5시 12분 53초 　[　　　]

8

-8시 56분 32초

12시 24분 19초 　[　　　]

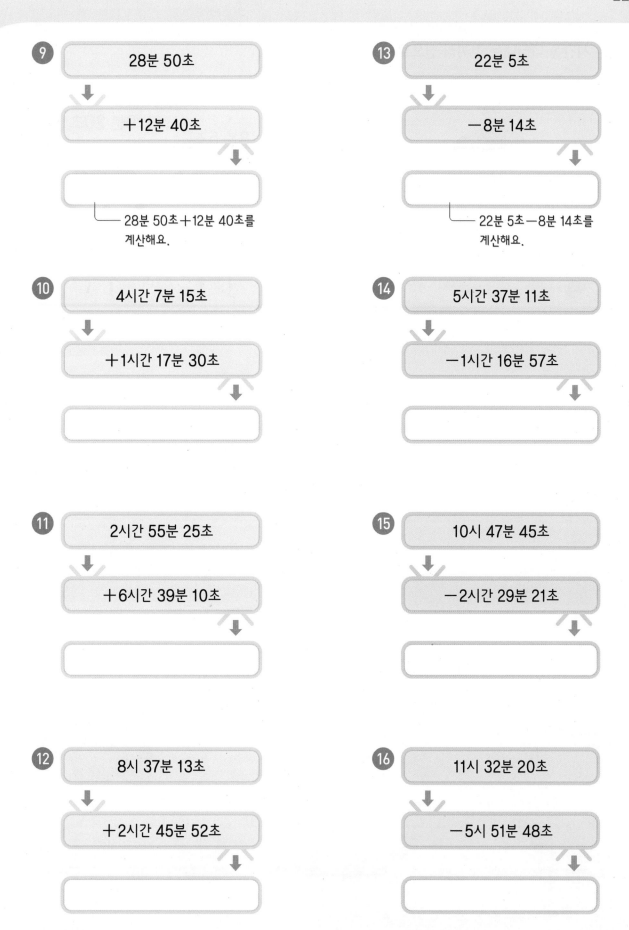

9

28분 50초

↓

+12분 40초

↓

⌐ 28분 50초+12분 40초를
　계산해요.

10

4시간 7분 15초

↓

+1시간 17분 30초

↓

11

2시간 55분 25초

↓

+6시간 39분 10초

↓

12

8시 37분 13초

↓

+2시간 45분 52초

↓

13

22분 5초

↓

−8분 14초

↓

⌐ 22분 5초−8분 14초를
　계산해요.

14

5시간 37분 11초

↓

−1시간 16분 57초

↓

15

10시 47분 45초

↓

−2시간 29분 21초

↓

16

11시 32분 20초

↓

−5시 51분 48초

↓

서로 같은 시간을 나타내는 것끼리 선으로 이어 보세요.

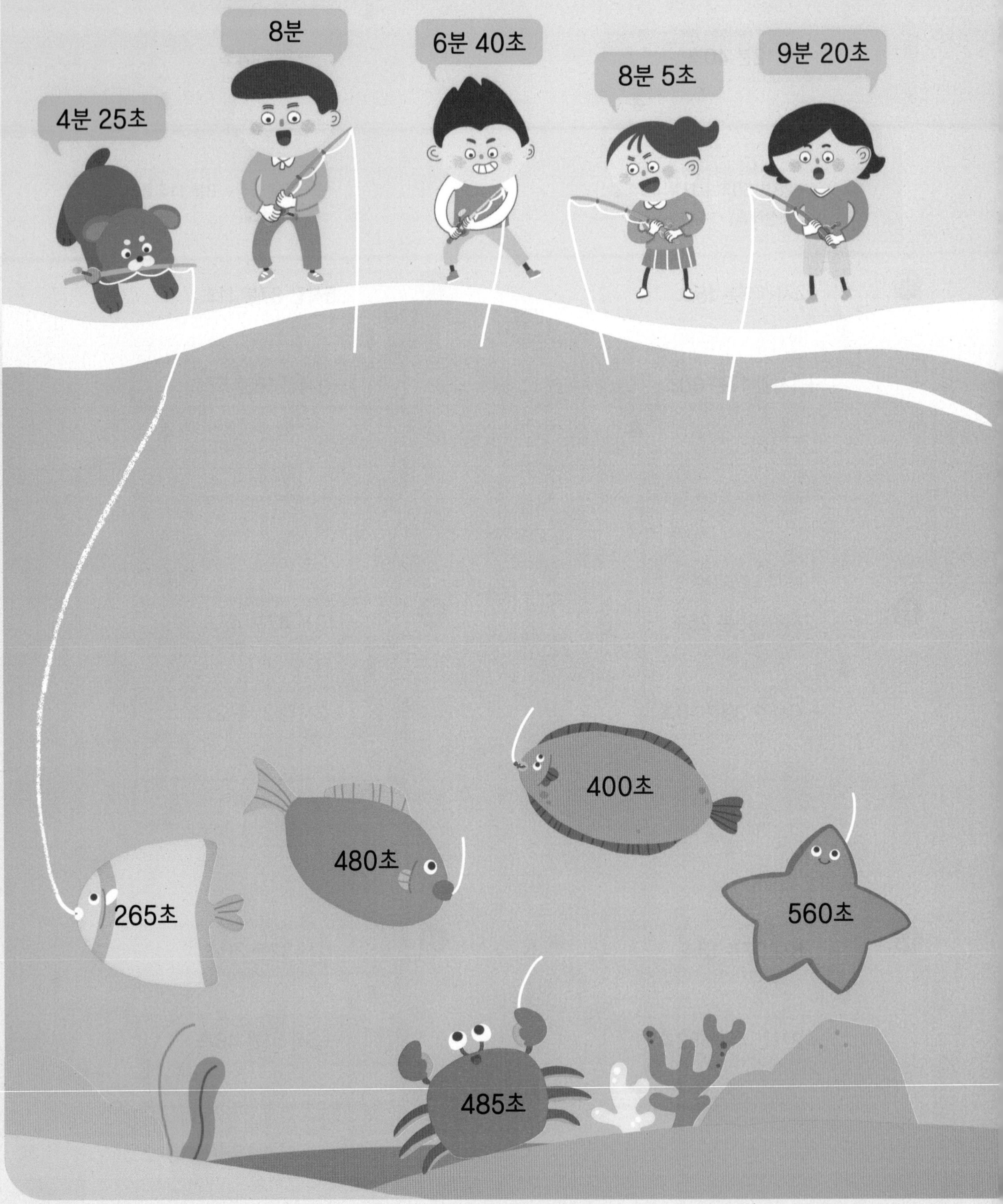

4분 25초

8분

6분 40초

8분 5초

9분 20초

400초

480초

265초

560초

485초

◎ 계산 결과를 따라갈 때, 주영이가 만나는 물건에 ◯표 하세요.

출발

17 분	42 초
+ 8 분	39 초

25분 21초   26분 21초

7 시	27 분
+ 4시간	30 분

5 시	37 분
− 3 시	29 분

11시 57분   12시 7분   2시간 8분   1시간 48분

6 시	50 분
− 4시간	56 분

4 분	38 초
+ 1 분	34 초

8시간	13 분
− 5시간	26 분

2시 4분   1시 54분   5분 42초   6분 12초   2시간 47분   3시간 47분

34 길이·시간 단위의 합과 차 평가

○ ☐ 안에 알맞은 수를 써넣으세요.

1 3 cm = ☐ mm

2 6 cm 3 mm = ☐ mm

3 80 mm = ☐ cm

4 205 mm = ☐ cm ☐ mm

5 45 km = ☐ m

6 7 km 435 m = ☐ m

7 86000 m = ☐ km

○ 계산해 보세요.

8
```
    3 cm   5 mm
+   5 cm   7 mm
```

9
```
    8 km   450 m
−   2 km   950 m
```

10 5 cm 6 mm + 2 cm 7 mm
=

11 6 cm 2 mm − 2 cm 9 mm
=

12 2 km 670 m + 3 km 350 m
=

13 7 km 50 m − 4 km 250 m
=

○ ☐ 안에 알맞은 수를 써넣으세요.

⑭ 2분 = ☐ 초

⑮ 4분 35초 = ☐ 초

⑯ 8분 34초 = ☐ 초

⑰ 540초 = ☐ 분

⑱ 285초 = ☐ 분 ☐ 초

⑲ 684초 = ☐ 분 ☐ 초

○ 계산해 보세요.

⑳
```
      6 시    51 분
  +         24 분   30 초
```

㉑
```
    7 시간   20 분   46 초
  -  1 시간   38 분   39 초
```

㉒ 6시간 25분 + 2시간 10분
=

㉓ 3시 16분 35초 + 4시간 47분 29초
=

㉔ 10시 19분 25초 - 7시간 30분 50초
=

㉕ 7시 2분 37초 - 4시 43분 17초
=

6

분수와 소수의 개념 이해가 중요한

분수와 소수

35 분수

36 분수의 크기 비교

37 소수

38 소수의 크기 비교

39 계산 Plus+

40 분수와 소수 평가

35 분수

- 부분 [ ] 은 전체 [ ] 를 똑같이 5로 나눈 것 중의 3입니다.

- 전체를 똑같이 5로 나눈 것 중의 3 ➡ 쓰기 $\dfrac{3}{5}$ 읽기 5분의 3

- 분수: $\dfrac{3}{5}$ 과 같은 수 ➡ $\dfrac{3}{5}$ ← 분자
  ← 분모

○ **색칠한 부분은 전체의 얼마인지 알아보려고 합니다. [ ] 안에 알맞은 수를 써넣으세요.**

❶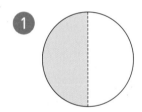

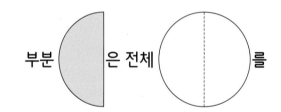

부분 [   ] 은 전체 [   ] 를

똑같이 [ ] (으)로 나눈 것 중의 [ ] ⇨ $\dfrac{1}{\boxed{}}$

❷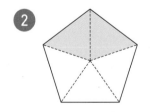

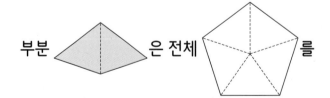

부분 [   ] 은 전체 [   ] 를

똑같이 [ ] (으)로 나눈 것 중의 [ ] ⇨ $\dfrac{\boxed{}}{\boxed{}}$

③

색칠한 부분은 전체를 똑같이 ⬚ (으)로 나눈 것 중의 ⬚ ⇨ $\dfrac{\square}{\square}$

④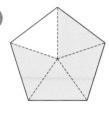

색칠한 부분은 전체를 똑같이 ⬚ (으)로 나눈 것 중의 ⬚ ⇨ $\dfrac{\square}{\square}$

⑤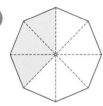

색칠한 부분은 전체를 똑같이 ⬚ (으)로 나눈 것 중의 ⬚ ⇨ $\dfrac{\square}{\square}$

⑥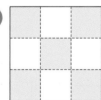

색칠한 부분은 전체를 똑같이 ⬚ (으)로 나눈 것 중의 ⬚ ⇨ $\dfrac{\square}{\square}$

⑦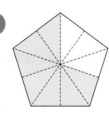

색칠한 부분은 전체를 똑같이 ⬚ (으)로 나눈 것 중의 ⬚ ⇨ $\dfrac{\square}{\square}$

|||||||||||||||||||||||||||||||||||||||||||||||||||||||||||||||||||||||||||||||||||||||||||||||||||||

● 색칠한 부분을 분수로 쓰고 읽어 보세요.

8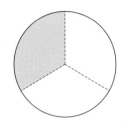

쓰기 _____

읽기 _____

9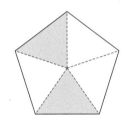

쓰기 _____

읽기 _____

10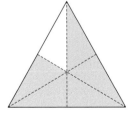

쓰기 _____

읽기 _____

11

쓰기 _____

읽기 _____

12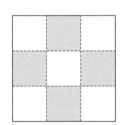

쓰기 _____

읽기 _____

13

쓰기 _____

읽기 _____

◯ 색칠한 부분과 색칠하지 않은 부분을 분수로 써 보세요.

14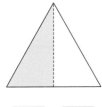
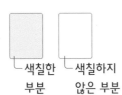
└ 색칠한　└ 색칠하지
　부분　　　않은 부분

18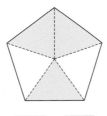

22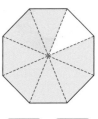

15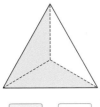

19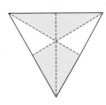

23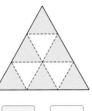

16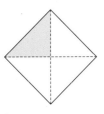

20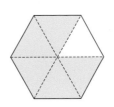

24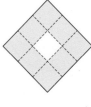

17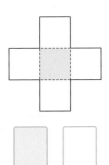

21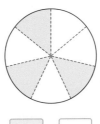

25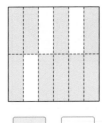

분수의 크기 비교

● 분모가 같은 분수의 크기 비교

> 분모가 같은 분수는
> 분자가 클수록 더 큽니다.

$$3 < 4$$

$$\frac{3}{5} < \frac{4}{5}$$

● 단위분수의 크기 비교

> 분자가 1인 단위분수는
> 분모가 작을수록 더 큽니다.

$$\frac{1}{7} < \frac{1}{5}$$

$$7 > 5$$

● 그림을 보고 ◯ 안에 >, =, <를 알맞게 써넣으세요.

1

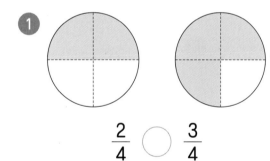

$$\frac{2}{4} \bigcirc \frac{3}{4}$$

3

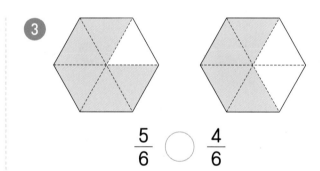

$$\frac{5}{6} \bigcirc \frac{4}{6}$$

2

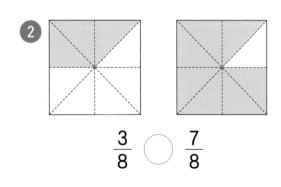

$$\frac{3}{8} \bigcirc \frac{7}{8}$$

4

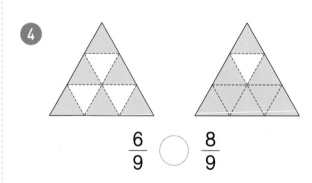

$$\frac{6}{9} \bigcirc \frac{8}{9}$$

5

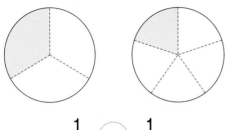

$\dfrac{1}{3}$ ◯ $\dfrac{1}{5}$

6

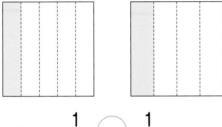

$\dfrac{1}{5}$ ◯ $\dfrac{1}{4}$

7

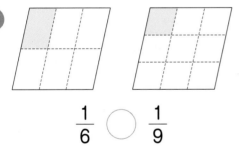

$\dfrac{1}{6}$ ◯ $\dfrac{1}{9}$

8

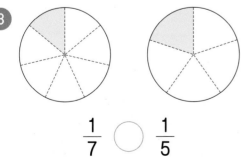

$\dfrac{1}{7}$ ◯ $\dfrac{1}{5}$

9

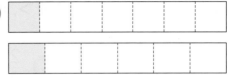

$\dfrac{1}{7}$ ◯ $\dfrac{1}{6}$

10

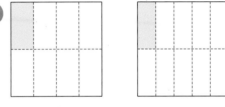

$\dfrac{1}{8}$ ◯ $\dfrac{1}{10}$

11

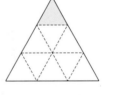

$\dfrac{1}{9}$ ◯ $\dfrac{1}{2}$

12

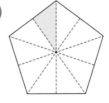
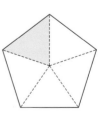

$\dfrac{1}{10}$ ◯ $\dfrac{1}{5}$

두 분수의 크기를 비교하여 ◯ 안에 >, =, <를 알맞게 써넣으세요.

13 $\dfrac{1}{3}$ ◯ $\dfrac{2}{3}$

분모가 같은 분수는
분자가 클수록 더 큽니다.

14 $\dfrac{3}{4}$ ◯ $\dfrac{2}{4}$

15 $\dfrac{2}{5}$ ◯ $\dfrac{3}{5}$

16 $\dfrac{4}{5}$ ◯ $\dfrac{1}{5}$

17 $\dfrac{2}{6}$ ◯ $\dfrac{5}{6}$

18 $\dfrac{3}{6}$ ◯ $\dfrac{4}{6}$

19 $\dfrac{2}{7}$ ◯ $\dfrac{4}{7}$

20 $\dfrac{6}{7}$ ◯ $\dfrac{5}{7}$

21 $\dfrac{2}{8}$ ◯ $\dfrac{6}{8}$

22 $\dfrac{5}{8}$ ◯ $\dfrac{4}{8}$

23 $\dfrac{6}{8}$ ◯ $\dfrac{1}{8}$

24 $\dfrac{5}{9}$ ◯ $\dfrac{2}{9}$

25 $\dfrac{7}{9}$ ◯ $\dfrac{4}{9}$

26 $\dfrac{5}{10}$ ◯ $\dfrac{6}{10}$

27 $\dfrac{8}{10}$ ◯ $\dfrac{9}{10}$

28 $\dfrac{7}{11}$ ◯ $\dfrac{4}{11}$

29 $\dfrac{9}{12}$ ◯ $\dfrac{11}{12}$

30 $\dfrac{7}{15}$ ◯ $\dfrac{13}{15}$

31 $\dfrac{1}{2}$ ◯ $\dfrac{1}{4}$

단위분수는 분모가
작을수록 더 큽니다.

32 $\dfrac{1}{2}$ ◯ $\dfrac{1}{8}$

33 $\dfrac{1}{3}$ ◯ $\dfrac{1}{5}$

34 $\dfrac{1}{3}$ ◯ $\dfrac{1}{7}$

35 $\dfrac{1}{4}$ ◯ $\dfrac{1}{3}$

36 $\dfrac{1}{4}$ ◯ $\dfrac{1}{5}$

37 $\dfrac{1}{4}$ ◯ $\dfrac{1}{9}$

38 $\dfrac{1}{5}$ ◯ $\dfrac{1}{3}$

39 $\dfrac{1}{5}$ ◯ $\dfrac{1}{15}$

40 $\dfrac{1}{6}$ ◯ $\dfrac{1}{7}$

41 $\dfrac{1}{6}$ ◯ $\dfrac{1}{3}$

42 $\dfrac{1}{6}$ ◯ $\dfrac{1}{8}$

43 $\dfrac{1}{7}$ ◯ $\dfrac{1}{10}$

44 $\dfrac{1}{7}$ ◯ $\dfrac{1}{4}$

45 $\dfrac{1}{8}$ ◯ $\dfrac{1}{7}$

46 $\dfrac{1}{9}$ ◯ $\dfrac{1}{5}$

47 $\dfrac{1}{10}$ ◯ $\dfrac{1}{12}$

48 $\dfrac{1}{14}$ ◯ $\dfrac{1}{9}$

37 소수

- 소수 : 0.1, 0.2, 0.3과 같은 수

분수	$\frac{1}{10}$	$\frac{2}{10}$	$\frac{3}{10}$	$\frac{4}{10}$	$\frac{5}{10}$	$\frac{6}{10}$	$\frac{7}{10}$	$\frac{8}{10}$	$\frac{9}{10}$	
소수	0.1 영점일	0.2 영점이	0.3 영점삼	0.4 영점사	0.5 영점오	0.6 영점육	0.7 영점칠	0.8 영점팔	0.9 영점구	─쓰기 ─읽기

- 3과 0.4만큼인 수 ➡ [쓰기] 3.4 [읽기] 삼 점 사

○ **색칠한 부분을 소수로 나타내어 보세요.**

1
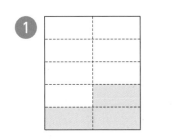

3
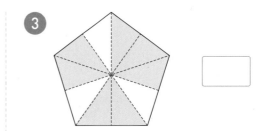

2
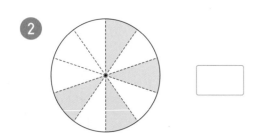

4
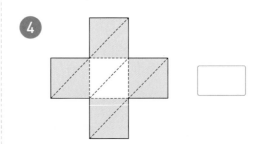

◎ ☐ 안에 알맞은 소수를 써넣으세요.

5

9

6

10
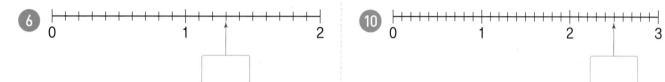

7

11
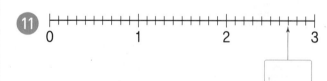

8
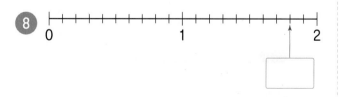

12
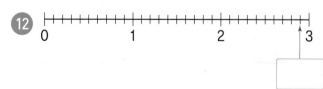

● 분수를 소수로 쓰고 읽어 보세요.

13 $\frac{2}{10}$

쓰기 _____

읽기 _____

14 $\frac{3}{10}$

쓰기 _____

읽기 _____

15 $\frac{4}{10}$

쓰기 _____

읽기 _____

16 $\frac{5}{10}$

쓰가 _____

읽기 _____

17 $\frac{6}{10}$

쓰기 _____

읽기 _____

18 $\frac{7}{10}$

쓰기 _____

읽기 _____

19 $\frac{8}{10}$

쓰기 _____

읽기 _____

20 $\frac{9}{10}$

쓰가 _____

읽기 _____

◎ ☐ 안에 알맞은 수를 써넣으세요.

㉑ 0.1이 2개이면 ☐ 입니다.

㉒ 0.1이 4개이면 ☐ 입니다.

㉓ 0.1이 13개이면 ☐ 입니다.

㉔ 0.1이 25개이면 ☐ 입니다.

㉕ 0.1이 ☐ 개이면 0.5입니다.

㉖ 0.1이 ☐ 개이면 1.8입니다.

㉗ 0.1이 ☐ 개이면 4.2입니다.

㉘ 0.3은 0.1이 ☐ 개입니다.

㉙ 0.9는 0.1이 ☐ 개입니다.

㉚ 1.5는 0.1이 ☐ 개입니다.

㉛ 3.1은 0.1이 ☐ 개입니다.

㉜ 0.7은 ☐ 이 7개입니다.

㉝ 2.4는 ☐ 이 24개입니다.

㉞ 6.9는 ☐ 이 69개입니다.

38 소수의 크기 비교

● 소수점 왼쪽에 있는 수가 다른 소수의 크기 비교

> 소수점 왼쪽에 있는 수가 다르면 소수점 왼쪽에 있는 수가 클수록 더 큰 소수입니다.

1.5 < 2.3

1<2

● 소수점 왼쪽에 있는 수가 같은 소수의 크기 비교

> 소수점 왼쪽에 있는 수가 같으면 소수점 오른쪽에 있는 수가 클수록 더 큰 소수입니다.

2.5 > 2.3

5>3

○ 소수만큼 각각 색칠하고, 두 소수의 크기를 비교하여 ◯ 안에 >, =, <를 알맞게 써넣으세요.

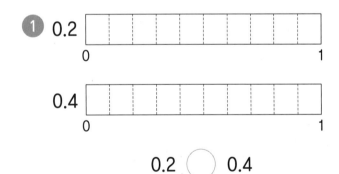

① 0.2

0.4

0.2 ◯ 0.4

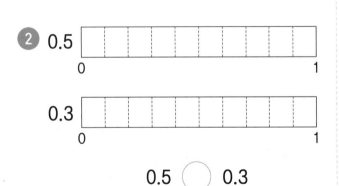

② 0.5

0.3

0.5 ◯ 0.3

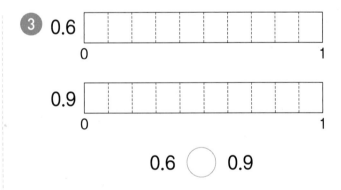

③ 0.6

0.9

0.6 ◯ 0.9

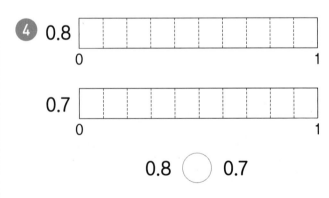

④ 0.8

0.7

0.8 ◯ 0.7

● 두 소수의 크기를 비교하여 ◯ 안에 **>**, **=**, **<**를 알맞게 써넣으세요.

⑤ 1.7
1.5

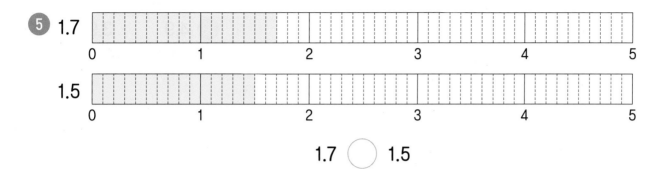

1.7 ◯ 1.5

⑥ 2.1
1.8

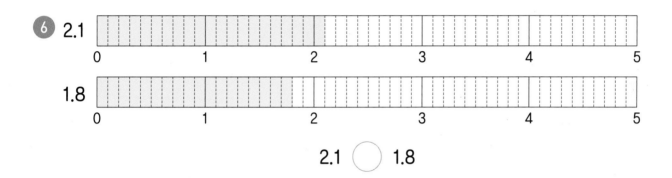

2.1 ◯ 1.8

⑦ 3.2
4.1

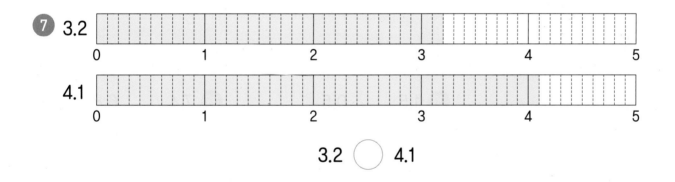

3.2 ◯ 4.1

⑧ 4.8
4.6

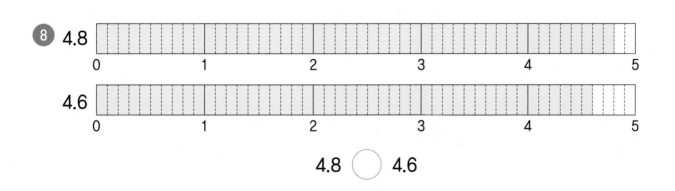

4.8 ◯ 4.6

● 두 소수의 크기를 비교하여 ◯ 안에 >, =, <를 알맞게 써넣으세요.

9 0.1 ◯ 0.2

10 0.2 ◯ 0.5

11 0.3 ◯ 0.5

12 0.4 ◯ 0.3

13 0.5 ◯ 0.9

14 0.6 ◯ 0.8

15 0.7 ◯ 0.3

16 0.8 ◯ 0.7

17 0.9 ◯ 1.2

18 1.1 ◯ 2.2

19 1.3 ◯ 2.6

20 1.5 ◯ 0.5

21 2.8 ◯ 4.4

22 3.5 ◯ 2.1

23 4.9 ◯ 3.9

24 5.6 ◯ 8.2

25 6.2 ◯ 5.3

26 6.5 ◯ 7.1

27 7.4 ◯ 6.8

28 7.7 ◯ 8.2

29 9.5 ◯ 5.9

30 1.2 ◯ 1.3

31 1.4 ◯ 1.5

32 2.5 ◯ 2.0

33 2.8 ◯ 2.6

34 3.3 ◯ 3.6

35 4.1 ◯ 4.5

36 4.9 ◯ 4.2

37 5.8 ◯ 5.3

38 6.4 ◯ 6.1

39 7.3 ◯ 7.9

40 2.5 ◯ 1.8

41 2.7 ◯ 3.2

42 3.1 ◯ 1.6

43 3.8 ◯ 4.7

44 4.2 ◯ 5.1

45 5.4 ◯ 4.8

46 5.5 ◯ 6.3

47 6.1 ◯ 5.7

48 7.9 ◯ 8.4

49 8.3 ◯ 9.1

50 9.6 ◯ 8.7

39 계산 Plus+

분수와 소수

○ 색칠한 부분을 분수와 소수로 각각 나타내어 보세요.

①

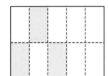
분수   소수

②

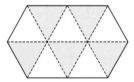

분수   소수

③

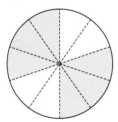

분수   소수

④

분수   소수

⑤

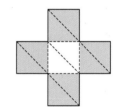

분수   소수

⑥

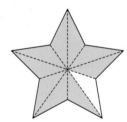

분수   소수

○ 두 수의 크기를 비교하여 더 큰 수를 빈칸에 써넣으세요.

7 $\dfrac{3}{4}$ $\dfrac{1}{4}$

11 0.6   0.2

8 $\dfrac{7}{8}$ $\dfrac{2}{8}$

12 1.6   1.7

9 $\dfrac{1}{5}$ $\dfrac{1}{9}$

13 3.5   2.8

10 $\dfrac{1}{12}$ $\dfrac{1}{7}$

14 7.6   8.9

● 갈림길에서 더 큰 소수를 따라갈 때, 펭귄이 만나는 물고기에 ◯표 하세요.

40 분수와 소수 평가

◉ 색칠한 부분은 전체의 얼마인지 알아보려고 합니다. ☐ 안에 알맞은 수를 써넣으세요.

1

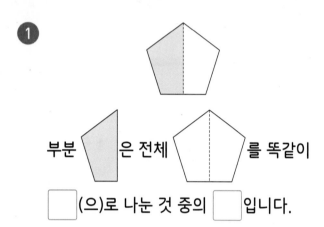

부분 [ ] 은 전체 [ ] 를 똑같이

☐(으)로 나눈 것 중의 ☐ 입니다.

2

색칠한 부분은 전체를 똑같이

☐(으)로 나눈 것 중의 ☐ 입니다.

◉ 색칠한 부분을 분수로 쓰고 읽어 보세요.

3

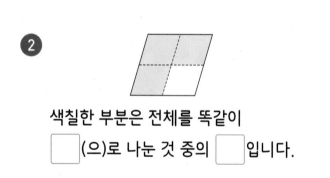

쓰기 _____

읽기 _____

4

쓰기 _____

읽기 _____

◉ 색칠한 부분과 색칠하지 않은 부분을 분수로 써 보세요.

5

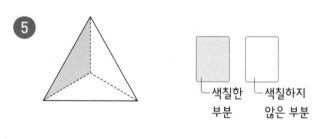

└ 색칠한   └ 색칠하지
  부분   않은 부분

6

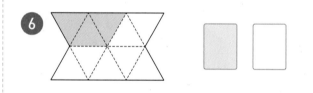

◉ 두 분수의 크기를 비교하여 ◯ 안에 >, =, <를 알맞게 써넣으세요.

7 $\frac{4}{7}$ ◯ $\frac{6}{7}$

8 $\frac{3}{10}$ ◯ $\frac{1}{10}$

9 $\frac{1}{2}$ ◯ $\frac{1}{6}$

◉ ☐ 안에 알맞은 소수를 써넣으세요.

⑩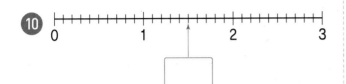

⑪

⑫

◉ 분수를 소수로 쓰고 읽어 보세요.

⑬ $\dfrac{3}{10}$　쓰기 _____

　　　　읽기 _____

⑭ $\dfrac{9}{10}$　쓰기 _____

　　　　읽기 _____

◉ ☐ 안에 알맞은 수를 써넣으세요.

⑮ 0.5는 0.1이 ☐ 개입니다.

⑯ 0.1이 19개이면 ☐ 입니다.

⑰ 2.3은 0.1이 ☐ 개입니다.

◉ 두 소수의 크기를 비교하여 ◯ 안에 >, =, <를 알맞게 써넣으세요.

⑱ 0.8 ◯ 0.5

⑲ 4.9 ◯ 5.6

⑳ 8.6 ◯ 8.2

실력평가

내 실력 확인을 위한 실력평가 3회 수록

○ 계산해 보세요. [1~8]

1 142＋253＝

2 317＋179＝

3 457＋368＝

4 584＋647＝

5 275－114＝

6 341－125＝

7 513－258＝

8 673－486＝

○ 나눗셈의 몫을 구해 보세요. [9~11]

9 6÷3＝

10 21÷7＝

11 36÷6＝

○ 계산해 보세요. [12~15]

12 30×2＝

13 32×4＝

14 17×5＝

15 56×8＝

● 계산해 보세요. [⑯ ~ ㉑]

⑯ 3 cm 7 mm＋8 cm 6 mm
=

⑰ 7 cm 5 mm－2 cm 9 mm
=

⑱ 2 km 500 m＋5 km 660 m
=

⑲ 6 km 100 m－2 km 400 m
=

⑳ 3시간 12분 56초＋5시간 20분 15초
=

㉑ 4시간 19분 34초－1시간 25분 26초
=

● 색칠한 부분을 분수로 쓰고 읽어 보세요.

[㉒ ~ ㉓]

㉒
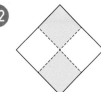

쓰기 _____

읽기 _____

㉓
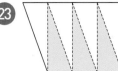

쓰기 _____

읽기 _____

● 색칠한 부분을 소수로 나타내어 보세요.

[㉔ ~ ㉕]

㉔
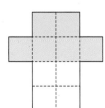

㉕
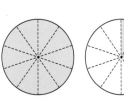

○ 계산해 보세요. [1~8]

1 $256+423=$

2 $471+165=$

3 $682+289=$

4 $849+676=$

5 $387-261=$

6 $538-394=$

7 $827-548=$

8 $912-473=$

○ 나눗셈의 몫을 구해 보세요. [9~11]

9 $28\div4=$

10 $40\div5=$

11 $45\div9=$

○ 계산해 보세요. [12~15]

12 $32\times3=$

13 $51\times4=$

14 $47\times2=$

15 $74\times7=$

○ 계산해 보세요. [⑯ ~ ㉑]

⑯ 4 cm 5 mm＋7 cm 8 mm
=

⑰ 9 cm 3 mm－6 cm 4 mm
=

⑱ 5 km 710 m＋3 km 830 m
=

⑲ 8 km 270 m－4 km 500 m
=

⑳ 6시 47분 26초＋1시간 35분 14초
=

㉑ 7시 50분 12초－2시간 24분 41초
=

○ 분수를 소수로 쓰고 읽어 보세요. [㉒ ~ ㉓]

㉒ $\dfrac{3}{10}$ 쓰기 _____

읽기 _____

㉓ $\dfrac{7}{10}$ 쓰기 _____

읽기 _____

○ 두 수의 크기를 비교하여 ◯ 안에 >, =, < 를 알맞게 써넣으세요. [㉔ ~ ㉕]

㉔ $\dfrac{2}{11}$ ◯ $\dfrac{5}{11}$

㉕ 0.8 ◯ 0.4

○ 계산해 보세요. [❶ ~ ❽]

❶ $361 + 126 =$

❷ $618 + 215 =$

❸ $794 + 198 =$

❹ $956 + 864 =$

❺ $439 - 235 =$

❻ $759 - 674 =$

❼ $862 - 379 =$

❽ $912 - 877 =$

○ 나눗셈의 몫을 구해 보세요. [❾ ~ ⓫]

❾ $42 \div 7 =$

❿ $54 \div 6 =$

⓫ $64 \div 8 =$

○ 계산해 보세요. [⓬ ~ ⓯]

⓬ $72 \times 4 =$

⓭ $48 \times 2 =$

⓮ $84 \times 9 =$

⓯ $93 \times 6 =$

○ 계산해 보세요. [16~21]

16 7 cm 9 mm+11 cm 3 mm
=

17 21 cm 2 mm−16 cm 7 mm
=

18 14 km 980 m+20 km 550 m
=

19 25 km 120 m−11 km 760 m
=

20 4시 59분 38초+2시간 15분 32초
=

21 11시 32분 25초−7시 45분 33초
=

○ ☐ 안에 알맞은 소수를 써넣으세요. [22~23]

22 0.1이 36개이면 ☐ 입니다.

23 5.9는 ☐ 이 59개입니다.

○ 두 수의 크기를 비교하여 ◯ 안에 >, =, < 를 알맞게 써넣으세요. [24~25]

24 $\frac{1}{8}$ ◯ $\frac{1}{12}$

25 6.7 ◯ 6.5

memo

완자

공부력

정답

계
산

×

초등 수학

3
A

3학년

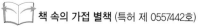

📖 **책 속의 가접 별책** (특허 제 0557442호)

'정답'은 본책에서 쉽게 분리할 수 있도록 제작되었으므로
유통 과정에서 분리될 수 있으나 파본이 아닌 정상 제품입니다.

visang

ABOVE IMAGINATION

우리는 남다른 상상과 혁신으로
교육 문화의 새로운 전형을 만들어
모든 이의 행복한 경험과 성장에 기여한다

완자 공부력

초등 수학
계산 3A
· · · ·
정답

· 완자 공부력 가이드   2

· 정답 ─────────────

1   덧셈   6

2   뺄셈   10

3   나눗셈   14

4   곱셈   17

5   길이·시간 단위의 합과 차   22

6   분수와 소수   28

·   **실력 평가**   32

완자 공부력 가이드

완자 공부력 시리즈는
앞으로도 계속 출간될 예정입니다.

국어 맞춤법 바로 쓰기
1~2학년용
4책

쓰기력

전과목 어휘
1~6학년용
12책

전과목 한자 어휘
1~6학년용
12책

영어 파닉스
1~2학년용
2책

영어 영단어
3~6학년용
8책

어휘력

국어 독해
1~6학년용
12책

한국사 독해 인물편
3~6학년용
4책

한국사 독해 시대편
3~6학년용
4책

독해력

수학 계산
1~6학년용
12책

계산력

완자 공부력 시리즈로 공부 근육을 키워요!

매일 성장하는
초등 자기개발서

ⓦ 완자

공부력

학습의 기초가 되는 읽기, 쓰기, 셈하기와 관련된
공부력을 키워야 여러 교과를 터득하기 쉬워집니다.
또한 어휘력과 독해력, 쓰기력, 계산력을 바탕으로 한
'공부력'은 자기주도 학습으로 상당한 단계까지 올라갈 수
있는 밑바탕이 되어 줍니다. 그래서 매일 꾸준한 학습이
가능한 **'완자 공부력 시리즈'**로 공부하면 **자기주도학습이**
가능한 튼튼한 공부 근육을 키울 수 있을 것이라 확신합니다.

효과적인 공부력 강화 계획을 세워요!

◎ 학년별 공부 계획
내 학년에 맞게 꾸준하게 공부 계획을 세워요!

		1-2학년	3-4학년	5-6학년
기본	독해	국어 독해 1A 1B 2A 2B	국어 독해 3A 3B 4A 4B	국어 독해 5A 5B 6A 6B
	계산	수학 계산 1A 1B 2A 2B	수학 계산 3A 3B 4A 4B	수학 계산 5A 5B 6A 6B
	어휘	전과목 어휘 1A 1B 2A 2B	전과목 어휘 3A 3B 4A 4B	전과목 어휘 5A 5B 6A 6B
		파닉스 1 2	영단어 3A 3B 4A 4B	영단어 5A 5B 6A 6B
확장	어휘	전과목 한자 어휘 1A 1B 2A 2B	전과목 한자 어휘 3A 3B 4A 4B	전과목 한자 어휘 5A 5B 6A 6B
	쓰기	맞춤법 바로 쓰기 1A 1B 2A 2B		
	독해		한국사 독해 인물편 1 2 3 4	
			한국사 독해 시대편 1 2 3 4	

시기별 공부 계획

학기 중에는 **기본**, 방학 중에는 **기본 + 확장**으로 공부 계획을 세워요!

방학 중			
학기 중			
기본			확장
독해	계산	어휘	어휘, 쓰기, 독해
국어 독해	수학 계산	전과목 어휘	전과목 한자 어휘
		파닉스(1~2학년) 영단어(3~6학년)	맞춤법 바로 쓰기(1~2학년) 한국사 독해(3~6학년)

예시 **초1 학기 중 공부 계획표** 주 5일 하루 3과목 (45분)

월	화	수	목	금
국어 독해	국어 독해	국어 독해	국어 독해	국어 독해
수학 계산	수학 계산	수학 계산	수학 계산	수학 계산
전과목 어휘	파닉스	전과목 어휘	전과목 어휘	파닉스

예시 **초4 방학 중 공부 계획표** 주 5일 하루 4과목 (60분)

월	화	수	목	금
국어 독해	국어 독해	국어 독해	국어 독해	국어 독해
수학 계산	수학 계산	수학 계산	수학 계산	수학 계산
전과목 어휘	영단어	전과목 어휘	전과목 어휘	영단어
한국사 독해 인물편	전과목 한자 어휘	한국사 독해 인물편	전과목 한자 어휘	한국사 독해 인물편

1 덧셈

01 받아올림이 없는 (세 자리 수) + (세 자리 수)

10쪽
❶ 419 ❹ 862 ❼ 677
❷ 377 ❺ 578 ❽ 955
❸ 526 ❻ 695 ❾ 877

11쪽
❿ 374 ⓰ 675 ㉒ 997
⓫ 586 ⓱ 775 ㉓ 938
⓬ 397 ⓲ 848 ㉔ 898
⓭ 685 ⓳ 869 ㉕ 964
⓮ 476 ⓴ 789 ㉖ 998
⓯ 578 ㉑ 854 ㉗ 989

12쪽
㉘ 223 ㉝ 684 ㊳ 896
㉙ 956 ㉞ 675 ㊴ 859
㉚ 535 ㉟ 878 ㊵ 946
㉛ 885 ㊱ 790 ㊶ 987
㉜ 683 ㊲ 799 ㊷ 981

13쪽
㊸ 258 ㊿ 555 57 749
㊹ 659 51 597 58 979
㊺ 589 52 684 59 929
㊻ 378 53 986 60 846
㊼ 494 54 688 61 888
㊽ 393 55 798 62 965
㊾ 469 56 838 63 977

02 받아올림이 한 번 있는 (세 자리 수) + (세 자리 수)

14쪽
❶ 583 ❹ 765 ❼ 917
❷ 581 ❺ 561 ❽ 836
❸ 875 ❻ 824 ❾ 919

15쪽
❿ 662 ⓰ 893 ㉒ 827
⓫ 272 ⓱ 642 ㉓ 936
⓬ 580 ⓲ 682 ㉔ 929
⓭ 584 ⓳ 708 ㉕ 908
⓮ 890 ⓴ 824 ㉖ 932
⓯ 892 ㉑ 746 ㉗ 957

16쪽

㉘ 421   ㉝ 863   ㊳ 967
㉙ 694   ㉞ 641   ㊴ 836
㉚ 750   ㉟ 668   ㊵ 947
㉛ 671   ㊱ 822   ㊶ 905
㉜ 470   ㊲ 846   ㊷ 945

17쪽

㊸ 352   ㊿ 491   57 826
㊹ 591   51 694   58 828
㊺ 650   52 670   59 848
㊻ 484   53 847   60 945
㊼ 661   54 706   61 913
㊽ 930   55 735   62 915
㊾ 874   56 869   63 917

03 받아올림이 두 번 있는 (세 자리 수) + (세 자리 수)

18쪽

❶ 620   ❹ 614   ❼ 910
❷ 813   ❺ 853   ❽ 900
❸ 903   ❻ 841   ❾ 901

19쪽

❿ 902   ⓰ 603   ㉒ 710
⓫ 842   ⓱ 513   ㉓ 943
⓬ 712   ⓲ 613   ㉔ 923
⓭ 805   ⓳ 731   ㉕ 922
⓮ 921   ⓴ 850   ㉖ 920
⓯ 535   ㉑ 914   ㉗ 901

20쪽

㉘ 601   ㉝ 642   ㊳ 902
㉙ 351   ㉞ 703   ㊴ 921
㉚ 725   ㉟ 621   ㊵ 850
㉛ 990   ㊱ 841   ㊶ 910
㉜ 900   ㊲ 721   ㊷ 932

21쪽

㊸ 818   ㊿ 510   57 831
㊹ 311   51 616   58 930
㊺ 610   52 941   59 910
㊻ 611   53 713   60 811
㊼ 823   54 615   61 912
㊽ 611   55 682   62 932
㊾ 815   56 910   63 900

1 덧셈

04 받아올림이 세 번 있는 (세 자리 수)+(세 자리 수)

22쪽

❶ 1002 ❹ 1054 ❼ 1230
❷ 1003 ❺ 1451 ❽ 1261
❸ 1010 ❻ 1105 ❾ 1106

23쪽

❿ 1101 ⓰ 1340 ㉒ 1204
⓫ 1040 ⓱ 1251 ㉓ 1421
⓬ 1012 ⓲ 1400 ㉔ 1200
⓭ 1120 ⓳ 1152 ㉕ 1857
⓮ 1273 ⓴ 1620 ㉖ 1421
⓯ 1122 ㉑ 1081 ㉗ 1240

24쪽

㉘ 1121 ㉝ 1151 ㊳ 1424
㉙ 1071 ㉞ 1150 ㊴ 1210
㉚ 1010 ㉟ 1000 ㊵ 1605
㉛ 1103 ㊱ 1521 ㊶ 1437
㉜ 1242 ㊲ 1102 ㊷ 1912

25쪽

㊸ 1120 ㊿ 1352 ㊼ 1411
㊹ 1101 ㊿ 1011 ㊽ 1250
㊺ 1112 ㊾ 1141 ㊾ 1343
㊻ 1030 ㊿ 1150 ㊿ 1711
㊼ 1001 ㊿ 1442 ㊿ 1700
㊽ 1317 ㊿ 1062 ㊿ 1121
㊾ 1300 ㊿ 1111 ㊿ 1202

05 계산 Plus+ (세 자리 수)+(세 자리 수)

26쪽

❶ 670   ❺ 785
❷ 642   ❻ 941
❸ 559   ❼ 1781
❹ 948   ❽ 1520

27쪽

❾ 459   ⓭ 841
❿ 585   ⓮ 850
⓫ 736   ⓯ 1422
⓬ 976   ⓰ 1712

547
642 877 235
303

405
350 610 150
205

751
587 927 176
384

482
325 815 576
239

545
959 1110 161
565

314
458 687 364
229

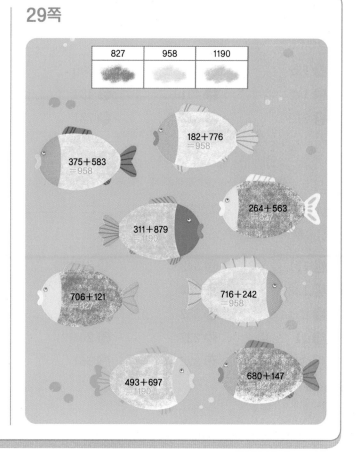

827	958	1190

375+583
=958

182+776
=958

311+879
=1190

264+563
=827

706+121
=827

716+242
=958

493+697
=1190

680+147
=827

06 덧셈 평가

❶ 569

❷ 769

❸ 493

❹ 915

❺ 821

❻ 841

❼ 922

❽ 1580

❾ 1103

❿ 1530

⓫ 776

⓬ 871

⓭ 942

⓮ 824

⓯ 1112

⓰ 1601

⓱ 678

⓲ 779

⓳ 951

⓴ 1233

07 받아내림이 없는 (세 자리 수) − (세 자리 수)

34쪽

① 132
② 112
③ 212
④ 214
⑤ 401
⑥ 312
⑦ 305
⑧ 434
⑨ 731

35쪽

⑩ 121
⑪ 123
⑫ 112
⑬ 210
⑭ 212
⑮ 322
⑯ 147
⑰ 304
⑱ 435
⑲ 163
⑳ 486
㉑ 132
㉒ 431
㉓ 618
㉔ 702
㉕ 321
㉖ 632
㉗ 321

36쪽

㉘ 151
㉙ 122
㉚ 221
㉛ 11
㉜ 221
㉝ 343
㉞ 232
㉟ 352
㊱ 227
㊲ 322
㊳ 211
㊴ 561
㊵ 515
㊶ 204
㊷ 561

37쪽

㊸ 16
㊹ 121
㊺ 143
㊻ 161
㊼ 221
㊽ 242
㊾ 314
㊿ 316
(51) 220
(52) 513
(53) 451
(54) 153
(55) 303
(56) 135
(57) 425
(58) 612
(59) 743
(60) 410
(61) 415
(62) 311
(63) 861

08 받아내림이 한 번 있는 (세 자리 수) − (세 자리 수)

38쪽

① 114
② 238
③ 239
④ 329
⑤ 248
⑥ 493
⑦ 52
⑧ 468
⑨ 176

39쪽

⑩ 114
⑪ 101
⑫ 215
⑬ 223
⑭ 209
⑮ 328
⑯ 228
⑰ 219
⑱ 225
⑲ 314
⑳ 365
㉑ 471
㉒ 491
㉓ 242
㉔ 371
㉕ 594
㉖ 554
㉗ 382

40쪽

㉘ 126
㉙ 159
㉚ 247
㉛ 146
㉜ 205
㉝ 154
㉞ 408
㉟ 338
㊱ 462
㊲ 372
㊳ 574
㊴ 467
㊵ 355
㊶ 685
㊷ 371

41쪽

㊸ 104
㊹ 137
㊺ 122
㊻ 259
㊼ 167
㊽ 106
㊾ 307
㊿ 353
51 218
52 319
53 359
54 242
55 251
56 471
57 490
58 592
59 466
60 272
61 430
62 582
63 484

09 받아내림이 두 번 있는 (세 자리 수) − (세 자리 수)

42쪽

❶ 67
❷ 161
❸ 223
❹ 154
❺ 287
❻ 356
❼ 257
❽ 499
❾ 436

43쪽

⑩ 76
⑪ 79
⑫ 158
⑬ 85
⑭ 179
⑮ 268
⑯ 298
⑰ 129
⑱ 279
⑲ 383
⑳ 479
㉑ 299
㉒ 358
㉓ 268
㉔ 157
㉕ 98
㉖ 636
㉗ 289

44쪽

㉘ 54
㉙ 65
㉚ 138
㉛ 89
㉜ 248
㉝ 182
㉞ 159
㉟ 374
㊱ 379
㊲ 249
㊳ 278
㊴ 378
㊵ 577
㊶ 319
㊷ 668

45쪽

㊸ 78
㊹ 88
㊺ 126
㊻ 59
㊼ 179
㊽ 289
㊾ 187
㊿ 185
51 175
52 287
53 389
54 173
55 389
56 287
57 378
58 157
59 171
60 699
61 255
62 473
63 688

2 뺄셈

10 어떤 수 구하기

46쪽

❶ 369, 369
❷ 547, 547
❸ 209, 209
❹ 325, 325

47쪽

❺ 277, 277
❻ 335, 335
❼ 396, 396
❽ 243, 243
❾ 384, 384
❿ 535, 535
⓫ 602, 602
⓬ 720, 720
⓭ 873, 873
⓮ 989, 989

48쪽

⓯ 529
⓰ 236
⓱ 564
⓲ 239
⓳ 128
⓴ 138
㉑ 167
㉒ 243
㉓ 318
㉔ 455
㉕ 587
㉖ 617

49쪽

㉗ 149
㉘ 187
㉙ 234
㉚ 89
㉛ 362
㉜ 137
㉝ 358
㉞ 457
㉟ 573
㊱ 602
㊲ 734
㊳ 861

11 계산 Plus+ (세 자리 수) - (세 자리 수)

50쪽

❶ 114
❷ 251
❸ 529
❹ 209
❺ 153
❻ 690
❼ 187
❽ 148

51쪽

❾ 101
❿ 222
⓫ 321
⓬ 169
⓭ 205
⓮ 625
⓯ 387
⓰ 353
⓱ 454
⓲ 338
⓳ 698
⓴ 384

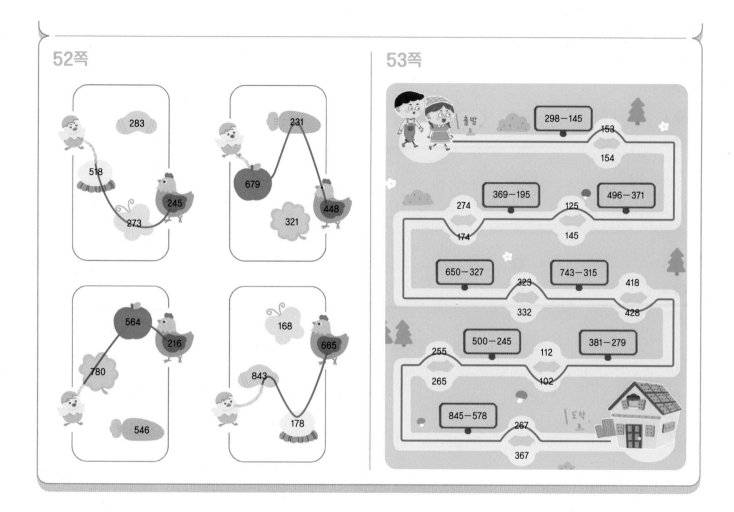

52쪽
53쪽

12 뺄셈 평가

54쪽

❶ 254
❷ 623
❸ 633
❹ 145
❺ 245

❻ 292
❼ 54
❽ 184
❾ 188
❿ 695

55쪽

⓫ 143
⓬ 323
⓭ 191
⓮ 379
⓯ 576
⓰ 569

⓱ 121
⓲ 58
⓳ 228
⓴ 687

3 나눗셈

13 똑같이 나누기

58쪽

❶ 4
❷ 5

59쪽

❸ 3
❹ 4
❺ 7
❻ 8

60쪽

❼ 3
❽ 4
❾ 5
❿ 9

61쪽

⓫ 2
⓬ 5
⓭ 6
⓮ 8

14 곱셈과 나눗셈의 관계

62쪽

❶ 4, 8, 4
❷ 8, 24, 8
❸ 6, 18, 6
❹ 9, 36, 9

63쪽

❺ 5 / 2
❻ 4 / 3
❼ 6 / 5
❽ 6 / 4
❾ 7 / 8
❿ 9 / 3
⓫ 14 / 14
⓬ 15 / 15
⓭ 18 / 18
⓮ 5 / 4
⓯ 3 / 7
⓰ 6 / 9

64쪽

⓱ 6 / 6, 2
⓲ 5 / 5, 3
⓳ 3 / 8, 3
⓴ 4 / 2, 4
㉑ 7 / 28, 4
㉒ 3 / 15, 5
㉓ 20, 4 / 4, 5
㉔ 30, 5 / 5, 6
㉕ 7, 6 / 42, 7
㉖ 8, 4 / 32, 8
㉗ 27, 3 / 27, 9
㉘ 45, 5 / 45, 9

65쪽

㉙ 12 / 3, 12
㉚ 14 / 7, 14
㉛ 3 / 5, 15
㉜ 9 / 2, 18
㉝ 24 / 6, 24
㉞ 28 / 4, 28
㉟ 4, 32 / 4, 32
㊱ 7, 42 / 7, 42
㊲ 5, 45 / 5, 45
㊳ 7, 56 / 7, 56
㊴ 9, 63 / 7, 63
㊵ 8, 72 / 9, 72

15 나눗셈의 몫 구하기

66쪽

① 2
② 4
③ 3
④ 3
⑤ 7
⑥ 5
⑦ 6
⑧ 9
⑨ 8

67쪽

⑩ 5, 5
⑪ 4, 4
⑫ 2, 2
⑬ 8, 8
⑭ 5, 5
⑮ 7, 7
⑯ 4, 4
⑰ 5, 5
⑱ 4, 4
⑲ 4, 4
⑳ 4, 4
㉑ 9, 9
㉒ 7, 7
㉓ 8, 8
㉔ 8, 8

68쪽

㉕ 2
㉖ 2
㉗ 3
㉘ 3
㉙ 4
㉚ 6
㉛ 4
㉜ 3
㉝ 3
㉞ 7
㉟ 5
㊱ 5
㊲ 9
㊳ 7
㊴ 8
㊵ 7
㊶ 9
㊷ 7
㊸ 7
㊹ 8
㊺ 8

69쪽

㊻ 3
㊼ 2
㊽ 3
㊾ 7
㊿ 2
(51) 5
(52) 8
(53) 5
(54) 4
(55) 8
(56) 7
(57) 6
(58) 8
(59) 6
(60) 5
(61) 6
(62) 6
(63) 8
(64) 9
(65) 9
(66) 9

16 어떤 수 구하기

70쪽

① 4, 4
② 18, 18
③ 25, 25
④ 36, 36
⑤ 42, 42
⑥ 49, 49

71쪽

⑦ 5, 5
⑧ 8, 8
⑨ 4, 4
⑩ 3, 3
⑪ 8, 8
⑫ 5, 5
⑬ 6, 6
⑭ 6, 6
⑮ 7, 7
⑯ 9, 9

72쪽

⑰ 21
⑱ 24
⑲ 28
⑳ 30
㉑ 32
㉒ 35
㉓ 36
㉔ 45
㉕ 48
㉖ 56
㉗ 63
㉘ 72

73쪽

㉙ 3
㉚ 7
㉛ 9
㉜ 4
㉝ 5
㉞ 6
㉟ 8
㊱ 7
㊲ 9
㊳ 8
㊴ 8
㊵ 9

3 나눗셈

74쪽

❶ 4 　❺ 9
❷ 3 　❻ 5
❸ 7 　❼ 6
❹ 6 　❽ 9

75쪽

❾ 4 　⓭ 6
❿ 5 　⓮ 8
⓫ 6 　⓯ 7
⓬ 4 　⓰ 8

76쪽

77쪽

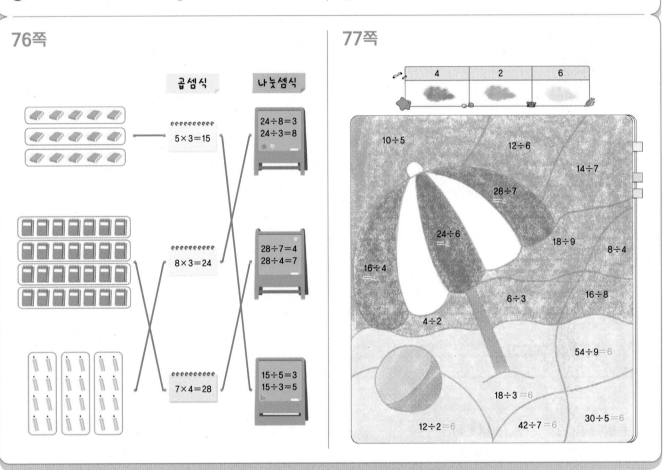

78쪽

❶ 3 　❺ 3
❷ 4 　❻ 4
❸ 5 　❼ 6
❹ 6 　❽ 9

79쪽

❾ 7 / 7, 2 　⓯ 5
❿ 4, 5 / 20, 4 　⓰ 5
⓫ 21, 3 / 21, 7 　⓱ 4
⓬ 36 / 4, 36 　⓲ 4
⓭ 8, 40 / 8, 40 　⓳ 8
⓮ 7, 63 / 9, 63 　⓴ 8

19 (몇십)×(몇)

82쪽

❶ 20
❷ 60
❸ 60
❹ 120
❺ 250
❻ 240
❼ 420
❽ 160
❾ 270

83쪽

❿ 30
⓫ 40
⓬ 140
⓭ 90
⓮ 240
⓯ 360
⓰ 150
⓱ 450
⓲ 300
⓳ 360
⓴ 540
㉑ 210
㉒ 350
㉓ 240
㉔ 400
㉕ 180
㉖ 540
㉗ 720

84쪽 ❗정답을 위에서부터 확인합니다.

㉘ 40 / 4
㉙ 70 / 7
㉚ 60 / 6
㉛ 120 / 12
㉜ 120 / 12
㉝ 180 / 18
㉞ 160 / 16
㉟ 280 / 28
㊱ 100 / 10
㊲ 300 / 30
㊳ 180 / 18
㊴ 480 / 48
㊵ 140 / 14
㊶ 560 / 56
㊷ 480 / 48
㊸ 560 / 56
㊹ 360 / 36
㊺ 450 / 45

85쪽

㊻ 20
㊼ 100
㊽ 160
㊾ 60
㊿ 210
51 80
52 200
53 320
54 200
55 350
56 120
57 420
58 280
59 490
60 630
61 320
62 640
63 720
64 270
65 630
66 810

20 올림이 없는 (몇십몇)×(몇)

86쪽

❶ 22
❷ 55
❸ 88
❹ 42
❺ 66
❻ 48
❼ 62
❽ 99
❾ 84

87쪽

❿ 33
⓫ 44
⓬ 99
⓭ 48
⓮ 26
⓯ 39
⓰ 28
⓱ 63
⓲ 84
⓳ 44
⓴ 69
㉑ 93
㉒ 96
㉓ 66
㉔ 68
㉕ 82
㉖ 86
㉗ 88

4 곱셈

88쪽

㉘ 33	㉝ 28	㊳ 96
㉙ 55	㉞ 84	㊴ 66
㉚ 77	㉟ 88	㊵ 99
㉛ 88	㊱ 46	㊶ 82
㉜ 36	㊲ 48	㊷ 86

89쪽

㊸ 22	㊿ 39	57 93
㊹ 44	51 42	58 64
㊺ 66	52 63	59 68
㊻ 99	53 44	60 82
㊼ 24	54 66	61 84
㊽ 48	55 69	62 86
㊾ 26	56 62	63 88

21 십의 자리에서 올림이 있는 (몇십몇) × (몇)

90쪽

❶ 126	❹ 208	❼ 243
❷ 128	❺ 189	❽ 166
❸ 287	❻ 216	❾ 188

91쪽

❿ 189	⑯ 255	㉒ 126
⑪ 186	⑰ 156	㉓ 142
⑫ 217	⑱ 108	㉔ 426
⑬ 205	⑲ 183	㉕ 405
⑭ 328	⑳ 244	㉖ 486
⑮ 126	㉑ 124	㉗ 279

92쪽

㉘ 105	㉝ 204	㊳ 148
㉙ 168	㉞ 357	㊴ 648
㉚ 279	㉟ 366	㊵ 328
㉛ 123	㊱ 186	㊶ 273
㉜ 168	㊲ 284	㊷ 368

93쪽

㊸ 147	㊿ 153	57 146
㊹ 155	51 106	58 567
㊺ 248	52 427	59 246
㊻ 164	53 488	60 455
㊼ 246	54 128	61 728
㊽ 369	55 355	62 276
㊾ 129	56 144	63 186

22 일의 자리에서 올림이 있는 (몇십몇) × (몇)

94쪽

❶ 60	❹ 48	❼ 50
❷ 52	❺ 90	❽ 81
❸ 84	❻ 72	❾ 94

95쪽

❿ 96	⑯ 38	㉒ 58
⑪ 70	⑰ 95	㉓ 87
⑫ 45	⑱ 92	㉔ 74
⑬ 96	⑲ 75	㉕ 76
⑭ 68	⑳ 52	㉖ 90
⑮ 54	㉑ 84	㉗ 98

96쪽

㉘ 72	㉝ 34	㊳ 56
㉙ 91	㉞ 85	㊴ 70
㉚ 56	㉟ 72	㊵ 72
㉛ 30	㊱ 76	㊶ 78
㉜ 64	㊲ 50	㊷ 96

97쪽

㊸ 84	50 90	57 96
㊹ 65	51 32	58 78
㊺ 78	52 80	59 54
㊻ 42	53 51	60 81
㊼ 98	54 36	61 84
㊽ 60	55 57	62 74
㊾ 75	56 72	63 92

23 십, 일의 자리에서 올림이 있는 (몇십몇) × (몇)

98쪽

❶ 126	❹ 140	❼ 477
❷ 102	❺ 105	❽ 252
❸ 184	❻ 172	❾ 592

99쪽

❿ 136	⑯ 147	㉒ 332
⑪ 120	⑰ 440	㉓ 510
⑫ 192	⑱ 256	㉔ 440
⑬ 180	⑲ 360	㉕ 372
⑭ 180	⑳ 456	㉖ 190
⑮ 141	㉑ 312	㉗ 297

4 곱셈

100쪽		
㉘ 119	㉝ 272	㊳ 118
㉙ 162	㉞ 175	㊴ 201
㉚ 115	㉟ 132	㊵ 414
㉛ 162	㊱ 196	㊶ 228
㉜ 232	㊲ 495	㊷ 492

101쪽		
㊸ 144	㊿ 304	57 438
㊹ 152	51 210	58 539
㊺ 144	52 352	59 656
㊻ 182	53 162	60 255
㊼ 216	54 285	61 644
㊽ 288	55 441	62 465
㊾ 170	56 272	63 582

24 계산 Plus+ (몇십)×(몇), (몇십몇)×(몇)

102쪽	
❶ 60	❺ 95
❷ 150	❻ 183
❸ 26	❼ 150
❹ 68	❽ 414

103쪽	
❾ 50	⓯ 426
❿ 420	⓰ 52
⓫ 44	⓱ 81
⓬ 96	⓲ 392
⓭ 84	⓳ 420
⓮ 155	⓴ 744

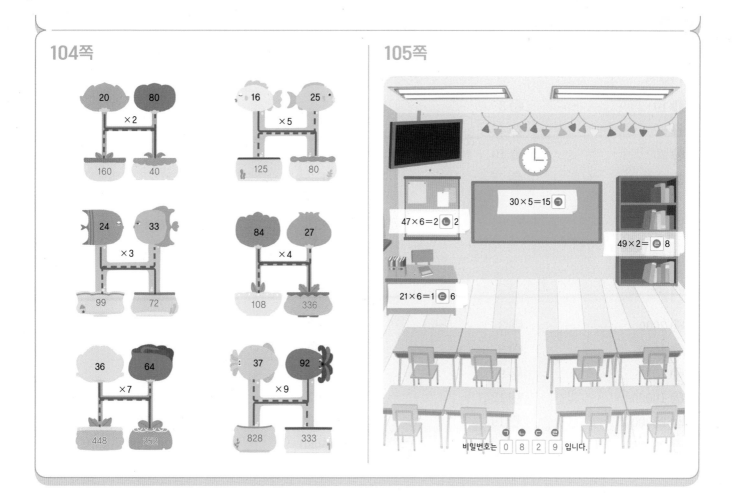

104쪽

20　80
×2
160　40

16　25
×5
125　80

24　33
×3
99　72

84　27
×4
108　336

36　64
×7
448　252

37　92
×9
828　333

105쪽

$30 \times 5 = 15$ ㉠

$47 \times 6 = 2$ ㉡ 2

$49 \times 2 = $ ㉣ 8

$21 \times 6 = 1$ ㉢ 6

㉠ ㉡ ㉢ ㉣
비밀번호는 0 8 2 9 입니다.

25 곱셈 평가

106쪽

❶ 80
❷ 630
❸ 39
❹ 48
❺ 129

❻ 208
❼ 85
❽ 96
❾ 273
❿ 632

107쪽

⓫ 240
⓬ 62
⓭ 405
⓮ 60
⓯ 324
⓰ 156

⓱ 88
⓲ 124
⓳ 58
⓴ 837

26 ㅣcm와 ㅣmm의 관계, ㅣkm와 ㅣm의 관계

110쪽

1 10
2 50
3 200
4 350

5 3
6 4
7 10
8 25

111쪽

9 15
10 29
11 71
12 94
13 376
14 683
15 802

16 1, 8
17 2, 9
18 6, 3
19 8, 5
20 48, 3
21 70, 4
22 84, 8

112쪽

23 2000
24 4000
25 7000
26 10000
27 25000
28 38000
29 52000

30 3
31 5
32 9
33 12
34 19
35 26
36 38

113쪽

37 1500
38 3560
39 5070
40 7007
41 10400
42 15080
43 20200

44 2, 600
45 4, 370
46 8, 25
47 9, 150
48 19, 50
49 20, 148
50 48, 902

27 cm와 mm가 있는 길이의 합과 차

114쪽

1 3, 8
2 7, 6
3 9, 6

4 2, 1
5 2, 6
6 7, 2

115쪽

7 6, 1
8 6, 2
9 7, 2
10 8, 1
11 8, 1
12 9, 2

13 1, 9
14 2, 5
15 1, 8
16 1, 7
17 5, 6
18 4, 4

116쪽

- ⑲ 5 cm 6 mm
- ⑳ 8 cm 8 mm
- ㉑ 7 cm 5 mm
- ㉒ 10 cm 3 mm
- ㉓ 12 cm 1 mm
- ㉔ 16 cm 1 mm

- ㉕ 2 cm 1 mm
- ㉖ 2 cm 3 mm
- ㉗ 2 cm 8 mm
- ㉘ 5 cm 8 mm
- ㉙ 6 cm 8 mm
- ㉚ 6 cm 3 mm

117쪽

- ㉛ 8 cm 5 mm
- ㉜ 8 cm 6 mm
- ㉝ 6 cm 4 mm
- ㉞ 13 cm 6 mm
- ㉟ 12 cm 3 mm
- ㊱ 15 cm 1 mm
- ㊲ 14 cm 3 mm

- ㊳ 2 cm 2 mm
- ㊴ 2 cm 3 mm
- ㊵ 3 cm 4 mm
- ㊶ 1 cm 7 mm
- ㊷ 4 cm 6 mm
- ㊸ 7 cm 6 mm
- ㊹ 4 cm 5 mm

28 km와 m가 있는 길이의 합과 차

118쪽

- ❶ 5, 400
- ❷ 5, 650
- ❸ 9, 550

- ❹ 2, 400
- ❺ 4, 130
- ❻ 4, 540

119쪽

- ❼ 5, 100
- ❽ 7, 300
- ❾ 9, 150
- ❿ 8, 200
- ⓫ 14, 250
- ⓬ 19, 370

- ⓭ 1, 700
- ⓮ 1, 800
- ⓯ 1, 900
- ⓰ 1, 850
- ⓱ 5, 300
- ⓲ 5, 590

120쪽

- ⑲ 5 km 800 m
- ⑳ 11 km 800 m
- ㉑ 7 km 250 m
- ㉒ 12 km
- ㉓ 15 km 70 m
- ㉔ 19 km 10 m

- ㉕ 2 km 50 m
- ㉖ 4 km 80 m
- ㉗ 1 km 700 m
- ㉘ 1 km 900 m
- ㉙ 4 km 550 m
- ㉚ 5 km 650 m

121쪽

- ㉛ 3 km 800 m
- ㉜ 5 km 600 m
- ㉝ 6 km 300 m
- ㉞ 11 km
- ㉟ 9 km 250 m
- ㊱ 14 km 130 m
- ㊲ 21 km 15 m

- ㊳ 1 km 300 m
- ㊴ 1 km 150 m
- ㊵ 1 km 750 m
- ㊶ 1 km 550 m
- ㊷ 3 km 170 m
- ㊸ 5 km 630 m
- ㊹ 5 km 530 m

5 길이 · 시간 단위의 합과 차

29 계산 Plus＋ 길이의 합과 차

122쪽

1 3 cm 5 mm
2 6 cm 1 mm
3 7 cm 2 mm
4 14 cm
5 2 cm 4 mm
6 2 cm 5 mm
7 1 cm 6 mm
8 1 cm 7 mm

123쪽

9 5 km 900 m
10 8 km 200 m
11 14 km 150 m
12 14 km 90 m
13 2 km 300 m
14 3 km 900 m
15 2 km 240 m
16 1 km 360 m

124쪽

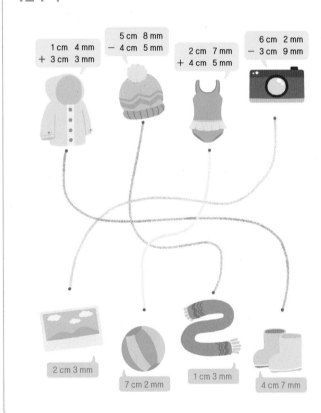

125쪽

30 시간을 분과 초로 나타내기

126쪽

❶ 60
❷ 240
❸ 360
❹ 420
❺ 600
❻ 720

127쪽

❼ 65
❽ 111
❾ 150
❿ 195
⓫ 223
⓬ 260
⓭ 340
⓮ 416
⓯ 425
⓰ 447
⓱ 513
⓲ 538
⓳ 565
⓴ 572

128쪽

㉑ 1
㉒ 2
㉓ 3
㉔ 5
㉕ 6
㉖ 8
㉗ 9
㉘ 11
㉙ 13
㉚ 14
㉛ 15
㉜ 17
㉝ 19
㉞ 20

129쪽

㉟ 1, 10
㊱ 1, 33
㊲ 1, 45
㊳ 2, 22
㊴ 3, 15
㊵ 3, 20
㊶ 4, 7
㊷ 4, 19
㊸ 5, 5
㊹ 5, 57
㊺ 6, 25
㊻ 6, 42
㊼ 7, 35
㊽ 7, 59

31 시간의 합

130쪽

❶ 8, 45
❷ 5, 50
❸ 6, 55
❹ 5, 58, 34
❺ 7, 53, 37
❻ 10, 42, 58

131쪽

❼ 17, 1
❽ 3, 22
❾ 5, 25
❿ 9, 14
⓫ 12, 30
⓬ 12, 34
⓭ 2, 5, 32
⓮ 4, 20, 42
⓯ 8, 8, 27
⓰ 8, 21, 6
⓱ 8, 44, 11
⓲ 12, 30, 13

5 길이·시간 단위의 합과 차

132쪽

⑲ 17분 40초
⑳ 28분 15초
㉑ 53분 25초
㉒ 2시 16분 25초
㉓ 5시 8분 23초
㉔ 8시 18분 9초

㉕ 6시간 14분 53초
㉖ 4시간 42분 22초
㉗ 10시간 16분 11초
㉘ 7시 45분 58초
㉙ 9시 59분 3초
㉚ 12시 5분 7초

133쪽

㉛ 10분 40초
㉜ 21분 15초
㉝ 40분 22초
㉞ 3시 40분 20초
㉟ 6시 16분 11초
㊱ 8시 2분 39초
㊲ 11시 17분 18초

㊳ 2시 57분 50초
㊴ 5시 15분 13초
㊵ 11시간 47분 23초
㊶ 9시간 19분 11초
㊷ 7시 33분 45초
㊸ 12시 23분 20초
㊹ 11시 9분 11초

32 시간의 차

134쪽

❶ 3, 30
❷ 5, 15
❸ 6, 28

❹ 9, 4, 10
❺ 5, 25, 18
❻ 8, 26, 17

135쪽

❼ 7, 30
❽ 4, 25
❾ 8, 19
❿ 2, 39
⓫ 4, 53
⓬ 2, 47

⓭ 1, 31, 40
⓮ 4, 41, 30
⓯ 4, 48, 9
⓰ 5, 36, 37
⓱ 3, 37, 19
⓲ 7, 49, 55

136쪽

⑲ 6분 20초
⑳ 8분 38초
㉑ 5시간 5분 30초
㉒ 6시간 32분 55초
㉓ 4시 36분 38초
㉔ 10시 35분 41초

㉕ 2시간 22분 6초
㉖ 3시간 47분 55초
㉗ 4시 24분 23초
㉘ 6시 38분 46초
㉙ 2시간 7분 19초
㉚ 6시간 39분 41초

137쪽

㉛ 1분 6초
㉜ 4분 43초
㉝ 36분 50초
㉞ 1시간 38분 36초
㉟ 2시간 42분 53초
㊱ 6시 41분 35초
㊲ 7시 42분 55초

㊳ 3시간 4분 10초
㊴ 7시간 34분 54초
㊵ 6시 15분 5초
㊶ 5시 49분 45초
㊷ 4시간 1분 14초
㊸ 2시간 47분 30초
㊹ 10시간 51분 48초

138쪽

① 28분 13초

② 3시 9분 36초

③ 8시간 7분 30초

④ 8시 2분 3초

⑤ 18분 15초

⑥ 5시 46분 36초

⑦ 6시 13분 15초

⑧ 3시간 27분 47초

139쪽

⑨ 41분 30초

⑩ 5시간 24분 45초

⑪ 9시간 34분 35초

⑫ 11시 23분 5초

⑬ 13분 51초

⑭ 4시간 20분 14초

⑮ 8시 18분 24초

⑯ 5시간 40분 32초

140쪽

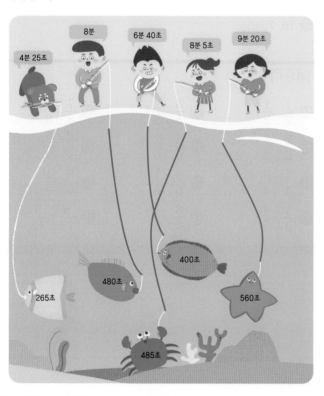

141쪽

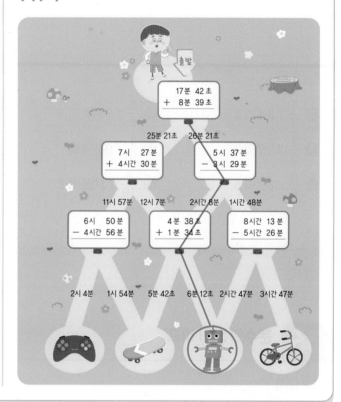

34 길이·시간 단위의 합과 차 평가

142쪽

① 30

② 63

③ 8

④ 20, 5

⑤ 45000

⑥ 7435

⑦ 86

⑧ 9 cm 2 mm

⑨ 5 km 500 m

⑩ 8 cm 3 mm

⑪ 3 cm 3 mm

⑫ 6 km 20 m

⑬ 2 km 800 m

143쪽

⑭ 120

⑮ 275

⑯ 514

⑰ 9

⑱ 4, 45

⑲ 11, 24

⑳ 7시 15분 30초

㉑ 5시간 42분 7초

㉒ 8시간 35분

㉓ 8시 4분 4초

㉔ 2시 48분 35초

㉕ 2시간 19분 20초

35 분수

146쪽

❶ 2, 1, 2

❷ 5, 2, $\frac{2}{5}$

147쪽

❸ 4, 3, $\frac{3}{4}$

❹ 5, 4, $\frac{4}{5}$

❺ 8, 3, $\frac{3}{8}$

❻ 9, 5, $\frac{5}{9}$

❼ 10, 7, $\frac{7}{10}$

148쪽

❽ $\frac{1}{3}$ / 3분의 1

❾ $\frac{2}{5}$ / 5분의 2

❿ $\frac{5}{6}$ / 6분의 5

⓫ $\frac{5}{8}$ / 8분의 5

⓬ $\frac{4}{9}$ / 9분의 4

⓭ $\frac{9}{10}$ / 10분의 9

149쪽

⓮ $\frac{1}{2}$, $\frac{1}{2}$

⓯ $\frac{2}{3}$, $\frac{1}{3}$

⓰ $\frac{1}{4}$, $\frac{3}{4}$

⓱ $\frac{1}{5}$, $\frac{4}{5}$

⓲ $\frac{3}{5}$, $\frac{2}{5}$

⓳ $\frac{4}{6}$, $\frac{2}{6}$

⓴ $\frac{5}{6}$, $\frac{1}{6}$

㉑ $\frac{3}{7}$, $\frac{4}{7}$

㉒ $\frac{7}{8}$, $\frac{1}{8}$

㉓ $\frac{6}{9}$, $\frac{3}{9}$

㉔ $\frac{8}{9}$, $\frac{1}{9}$

㉕ $\frac{9}{12}$, $\frac{3}{12}$

36 분수의 크기 비교

150쪽

❶ <
❷ <
❸ >
❹ <

151쪽

❺ >
❻ <
❼ >
❽ <
❾ <
❿ >
⓫ <
⓬ <

152쪽

⓭ <
⓮ >
⓯ <
⓰ >
⓱ <
⓲ <
⓳ <
⓴ >
㉑ <
㉒ >
㉓ >
㉔ >
㉕ >
㉖ <
㉗ >
㉘ <
㉙ <
㉚ <

153쪽

㉛ >
㉜ >
㉝ >
㉞ >
㉟ <
㊱ >
㊲ >
㊳ <
㊴ >
㊵ >
㊶ <
㊷ >
㊸ >
㊹ <
㊺ <
㊻ <
㊼ >
㊽ <

37 소수

154쪽

❶ 0.3 ❸ 0.7
❷ 0.4 ❹ 0.8

155쪽

❺ 1.1 ❾ 2.2
❻ 1.3 ❿ 2.5
❼ 1.6 ⓫ 2.7
❽ 1.8 ⓬ 2.9

156쪽

⓭ 0.2 / 영점이 ⓱ 0.6 / 영점육
⓮ 0.3 / 영점삼 ⓲ 0.7 / 영점칠
⓯ 0.4 / 영점사 ⓳ 0.8 / 영점팔
⓰ 0.5 / 영점오 ⓴ 0.9 / 영점구

157쪽

㉑ 0.2 ㉘ 3
㉒ 0.4 ㉙ 9
㉓ 1.3 ㉚ 15
㉔ 2.5 ㉛ 31
㉕ 5 ㉜ 0.1
㉖ 18 ㉝ 0.1
㉗ 42 ㉞ 0.1

6 분수와 소수

38 소수의 크기 비교

158쪽

① 예 0.2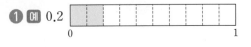

0.4  1 / <

② 예 0.5

0.3 1 / >

③ 예 0.6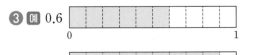

0.9 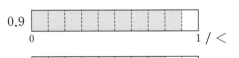 1 / <

④ 예 0.8

0.7 1 / >

159쪽

⑤ >
⑥ >
⑦ <
⑧ >

160쪽

⑨ <
⑩ <
⑪ <
⑫ >
⑬ <
⑭ <
⑮ >

⑯ >
⑰ <
⑱ <
⑲ <
⑳ >
㉑ <
㉒ >

㉓ >
㉔ <
㉕ >
㉖ <
㉗ >
㉘ <
㉙ >

161쪽

㉚ <
㉛ <
㉜ >
㉝ >
㉞ <
㉟ <
㊱ >

㊲ >
㊳ >
㊴ >
㊵ <
㊶ >
㊷ <
㊸ >

㊹ <
㊺ <
㊻ <
㊼ >
㊽ <
㊾ <
㊿ >

39 계산 Plus+ 분수와 소수

162쪽

① $\frac{3}{10}$, 0.3

② $\frac{5}{10}$, 0.5

③ $\frac{6}{10}$, 0.6

④ $\frac{7}{10}$, 0.7

⑤ $\frac{8}{10}$, 0.8

⑥ $\frac{9}{10}$, 0.9

163쪽

⑦ $\frac{3}{4}$

⑧ $\frac{7}{8}$

⑨ $\frac{1}{5}$

⑩ $\frac{1}{7}$

⑪ 0.6

⑫ 1.7

⑬ 3.5

⑭ 8.9

40 분수와 소수 평가

1 2, 1

2 4, 3

3 $\frac{2}{5}$ / 5분의 2

4 $\frac{7}{8}$ / 8분의 7

5 $\frac{1}{3}$, $\frac{2}{3}$

6 $\frac{3}{10}$, $\frac{7}{10}$

7 <

8 >

9 >

10 1.5

11 2.4

12 2.8

13 0.3 / 영 점 삼

14 0.9 / 영 점 구

15 5

16 1.9

17 23

18 >

19 <

20 >

170쪽

1. 395
2. 496
3. 825
4. 1231
5. 161
6. 216
7. 255
8. 187
9. 2
10. 3
11. 6
12. 60
13. 128
14. 85
15. 448

171쪽

16. 12 cm 3 mm
17. 4 cm 6 mm
18. 8 km 160 m
19. 3 km 700 m
20. 8시간 33분 11초
21. 2시간 54분 8초
22. $\frac{2}{4}$ / 4분의 2
23. $\frac{3}{7}$ / 7분의 3
24. 0.6
25. 1.3

172쪽

1. 679
2. 636
3. 971
4. 1525
5. 126
6. 144
7. 279
8. 439
9. 7
10. 8
11. 5
12. 96
13. 204
14. 94
15. 518

173쪽

16. 12 cm 3 mm
17. 2 cm 9 mm
18. 9 km 540 m
19. 3 km 770 m
20. 8시 22분 40초
21. 5시 25분 31초
22. 0.3 / 영 점 삼
23. 0.7 / 영 점 칠
24. <
25. >

174쪽

1. 487
2. 833
3. 992
4. 1820
5. 204
6. 85
7. 483
8. 35
9. 6
10. 9
11. 8
12. 288
13. 96
14. 756
15. 558

175쪽

16. 19 cm 2 mm
17. 4 cm 5 mm
18. 35 km 530 m
19. 13 km 360 m
20. 7시 15분 10초
21. 3시간 46분 52초
22. 3.6
23. 0.1
24. >
25. >

2022
K·NBA
KOREA·NATIONAL BRAND AWARDS

교과서, 중·고등 교재 부문
국가브랜드대상 9년 연속 1위

visang

매일 성장하는 초등 자기개발서

완자 공부력

하루 4쪽으로 개발하는 공부력과 공부 습관

매일 성장하는 초등 자기개발서!

- 어휘력, 독해력, 계산력, 쓰기력을 바탕으로 한 **초등 필수 공부력 교재**
- 하루 4쪽씩 풀면서 기르는 **스스로 공부하는 습관**
- '**공부력 MONSTER**' 앱으로 학생은 복습을, 부모님은 공부 현황을 확인

쓰기력 UP 맞춤법 바로 쓰기	**어휘력 UP** 전과목 어휘 / 전과목 한자 어휘 / 파닉스 / 영단어
계산력 UP 수학 계산	**독해력 UP** 국어 독해 / 한국사 독해 인물편, 시대편

완자·공부력·시리즈 매일 4쪽으로 스스로 공부하는 힘을 기릅니다.

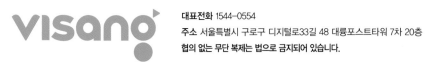
대표전화 1544-0554
주소 서울특별시 구로구 디지털로33길 48 대륭포스트타워 7차 20층
협의 없는 무단 복제는 법으로 금지되어 있습니다.